ALLONS-NOUS LIQUIDER LA SCIENCE ?

Galilée et les Indiens

DU MÊME AUTEUR

Conversations avec le Sphinx. Les paradoxes en physique, Paris, Albin Michel, coll. « Sciences d'aujourd'hui », 1991 ; Le Livre de Poche, 1994.

Le Temps et sa Flèche, avec M. Spiro (dir.), Gif-sur-Yvette, Frontières, 1995 ; Flammarion, coll. « Champs », 1996.

L'Atome au pied du mur et autres nouvelles, Paris, Le Pommier, coll. « Romans & plus », 2000.

L'Unité de la physique, Paris, PUF, coll. « Science, histoire et société », 2000.

Moi, U235, atome radioactif, avec B. Bonin et J.-M. Cavedon, Paris, Flammarion, 2001.

Les Tactiques de Chronos, Paris, Flammarion, 2003 (prix « La science se livre », 2004) ; Flammarion, coll. « Champs », 2004.

Petit voyage dans le monde des quanta, Paris, Flammarion, coll. « Champs », 2004 (prix Jean Rostand, 2004).

Il était sept fois la révolution : Albert Einstein et les autres, Paris, Flammarion, 2005 ; coll. « Champs », 2007.

Le facteur temps ne sonne jamais deux fois, Flammarion, coll. « NBS », 2007.

Les Secrets de la matière racontés en famille, Paris, Plon, 2008.

Discours sur l'origine de l'univers, Paris, Flammarion, 2010 ; coll. « Champs », 2012.

L'Atome au pied du mur : et autres nouvelles, Le Pommier, 2010.

Le Small Bang des nanotechnologies, Odile Jacob, 2011.

Anagrammes renversantes ou Le sens caché du monde (avec Jacques Perry-Salkow), Flammarion, 2011.

Étienne KLEIN

ALLONS-NOUS LIQUIDER LA SCIENCE ?

Galilée et les Indiens

Champs sciences

ISBN : 978-2-0812-7066-4

PRÉFACE À L'ÉDITION DE POCHE

Notre rapport à la science est à l'évidence devenu ambivalent. Cela peut se voir sous forme condensée en mettant l'une en face de l'autre les deux réalités suivantes : d'une part, la science nous semble constituer, *en tant qu'idéalité* (c'est-à-dire en tant que démarche de connaissance d'un type très particulier qui permet d'accéder à des connaissances qu'aucune autre démarche ne peut produire), le fondement officiel de notre société, censé remplacer l'ancien socle religieux : nous ne sommes certes pas gouvernés par la science elle-même, mais *au nom de quelque chose qui a à voir avec elle*. C'est ainsi que dans toutes les sphères de notre vie nous nous trouvons désormais soumis à une multitude d'évaluations, lesquelles ne sont pas prononcées par des prédicateurs religieux ou des idéologues illuminés : elles se présentent désormais comme de simples jugements d'« experts », c'est-à-dire sont censées être effectuées au nom de savoirs et de compétences de type scientifique, et donc, à ce titre, impartiaux et objectifs. Par exemple, sur nos paquets de cigarettes, il n'est pas écrit que fumer déplaît à Dieu ou compromet le salut de notre âme, mais que « fumer tue ». Un discours scientifique, portant sur la santé du corps, a pris la place d'un discours théologique qui, en l'occurrence, aurait plutôt porté sur le salut de l'âme.

Mais, d'autre part – et c'est ce qui fait toute l'ambiguïté de l'affaire –, la science, *dans sa réalité pratique*, est questionnée comme jamais, contestée, remise en cause, voire marginalisée. Elle est à la fois objet de désaffection de la part des étudiants (les jeunes, dans presque tous les pays développés, se destinent de moins en moins aux études scientifiques), de méconnaissance effective dans la société (nous devons bien reconnaître que, collectivement, nous ne savons pas trop bien ce qu'est la radioactivité, en quoi consiste un OGM, ce que sont et où se trouvent les quarks, ce qu'implique la théorie de la relativité et ce que dirait l'équation $E = mc^2$ si elle pouvait parler) et, enfin et surtout, elle subit toutes sortes d'attaques, d'ordre philosophique ou d'ordre politique.

Cette ambivalence est accentuée par le fait suivant : notre société doute de plus en plus de l'idée même de vérité. Plus précisément, elle semble parcourue par deux courants de pensée qui semblent contradictoires. Tout d'abord, on y trouve un attachement intense à la *véracité*, un souci de ne pas se laisser tromper, une détermination à crever les apparences pour atteindre les motivations réelles qui se cachent derrière, bref une attitude de défiance généralisée. Mais à côté de ce désir de véracité, de ce refus d'être dupe, il existe une défiance tout aussi grande à l'égard de la vérité elle-même : la vérité existe-t-elle ? se demande-t-on. Si oui, peut-elle être autrement que relative, subjective, culturelle ? Ce qui est troublant, c'est que ces deux attitudes, l'attachement à la véracité et la suspicion à l'égard de la vérité, qui devraient s'exclure mutuellement, se révèlent en pratique parfaitement compatibles. Elles sont même mécaniquement liées puisque le désir de véracité suffit à enclencher au sein de la société un processus critique qui vient ensuite fragiliser l'assurance qu'il y aurait des vérités sûres.

Le fait que l'exigence de véracité et le déni de vérité aillent de pair ne veut toutefois pas dire que ces deux attitudes fassent bon ménage. Car, si vous ne croyez pas à l'existence de la vérité, quelle cause votre désir de véracité servira-t-il ? Ou – pour le dire autrement – en recherchant la véracité, à quelle vérité êtes-vous censé être fidèle ? Il ne s'agit pas là d'une difficulté seulement abstraite ni simplement d'un paradoxe : cette situation entraîne des conséquences concrètes dans la cité réelle et vient nous avertir qu'il y a un risque que certaines de nos activités intellectuelles en viennent à se désagréger.

L'enjeu est d'une telle importance qu'il exige qu'on aille voir les choses de plus près.

Galilée est considéré comme l'inventeur de la physique moderne, c'est-à-dire d'une nouvelle façon de penser le monde et ses lois. Je sais bien qu'il y a des désaccords sur le sens véritable de la révolution qu'il a enclenchée, désaccords qui brouillent le regard rétrospectif que l'on peut porter sur elle. Certains ont tendance à voir dans l'abandon de certaines questions spéculatives qu'elle recommande l'acte « positif » par excellence, qui a conduit l'humanité du sommeil métaphysique vers la froide observation des faits et donné naissance à la science moderne. Pour eux, la révolution galiléenne constitue avant tout un acte initial de renonciation et d'humilité, qui a ouvert finalement des perspectives immenses. D'autres y voient au contraire un pari audacieux et ambitieux, une sorte d'acte de foi dans la possibilité d'expliquer réellement les phénomènes en profondeur, au lieu de se contenter de les décrire de façon aussi satisfaisante que possible.

Quoi qu'il en soit, il est clair que c'est bien de Galilée qu'il nous faudra partir. De Galilée et des Indiens, car une pensée ne se comprend bien que si on la met en face d'une pensée autre.

Étienne KLEIN

INTRODUCTION

Elle va nous sauver, disent certains. Elle nous a trahis et nous mène tout droit à l'apocalypse, clament les autres, aussi absurdement. Les avis contemporains sur la science ne font pas dans la nuance.

Je sais qu'il y a eu l'horreur d'Hiroshima et de Nagasaki, que le climat change, que la mer monte, que nos vaches sont devenues cannibales, que nous serons bientôt étouffés par la pollution et les emballages, et que tout cela est (vite) mis sur le dos de la seule science. Je vois bien que l'idée de progrès, toujours associée à la science, a exhibé ses « produits de vidange » et qu'en somme le progrès, c'était mieux *avant*, comme on le dit du Tour de France ; qu'une certaine « rationalité », étendue à toutes les activités humaines, est devenue l'alibi d'une domination socio-économique des plus brutales et qu'elle conduit tristement à rechercher en toutes choses la voie la plus efficace à court terme ; que les principes au nom desquels l'homme est devenu « comme maître et possesseur de la nature » sont de plus en plus souvent remis en question – ce qui ne nous empêche nullement, nous autres civilisés, de persister à sillonner la planète en touristes ou en démarcheurs affairés. Enfin, je constate, non sans tristesse, que l'écart entre les nantis et les pauvres se creuse toujours plus : tandis que les uns se prélassent sur des yachts en rêvant qu'on bricole les gènes de leurs enfants, d'autres, dans une rue insalubre, essaient d'empêcher qu'un nourrisson atteint de diarrhée ne meure dans la journée. L'argent désormais magnétise tout, les imaginaires comme les impatiences.

Dans un tel monde, chaque fois qu'une nouvelle possibilité technologique se présente – les OGM, par exemple –, ce sont deux logiques, presque deux métaphysiques qui s'affrontent ; l'une se réduit au calcul comparatif des coûts et des bénéfices ; l'autre, attentive aux dégâts de cette réduction, cherche à reconstruire une approche du monde où la rationalité, comprise comme ce qui est raisonnable, imposerait des limites aux conclusions des calculs pour prendre en compte des considérations qualitatives, à propos de l'environnement notamment.

Autre signe des temps : les jeunes, dans presque tous les pays développés, se destinent de moins en moins aux études scientifiques. Comment la science a-t-elle pu perdre aussi rapidement de ses attraits, de son prestige ? Le feu sacré nous aurait-il désertés ? La *libido sciendi* aurait-elle pris la tangente ? Ou bien serait-ce que la science, au lieu d'être présentée comme une authentique aventure intellectuelle, avec son histoire, ses héros, ses problèmes, ses méthodes, est enseignée comme un simple savoir-faire, une suite plate de résolutions d'exercices, une friche morte où pâturent des équations sans âme ? Le professeur que je suis s'inquiète.

Récemment interrogé à propos de l'engouement croissant des jeunes pour le métier d'acteur, Jean Rochefort répondit : « Aujourd'hui, dans les familles bourgeoises, si un garçon veut faire Centrale, son père lui dit : Non, mon fils, tu feras le cours Florent[1] ! » C'est sûr, il y a plus clinquant et mieux rémunéré que les professions scientifiques. Mais d'autres facteurs, plus profonds, donc moins perceptibles, déterminent cette tendance générale et contribuent à la transformation de notre regard collectif sur la science. J'ai pu le constater. Car les livres et les conférences m'ont fait rencontrer toutes sortes de publics, des

1. *TGV Magazine* n° 102, mars 2008.

détenus de la prison de Fresnes aux députés et sénateurs de l'Office parlementaire pour l'évaluation des choix scientifiques et techniques, en passant par mes étudiants de l'École centrale de Paris : tous disent avoir un problème avec la science. Et tous les discours se font entendre, souvent contradictoires.

Du coup, le jeu s'embrouille, et chacun d'entre nous, au gré de son humeur et de la tonalité de l'actualité, place quotidiennement son curseur personnel quelque part entre deux positions extrêmes : un jour, c'est l'exaltation ; le lendemain, le bord du gouffre. Nous sommes devenus des futurologues cyclothymiques métastables.

À l'évidence, depuis la deuxième guerre mondiale, la science a montré de nouveaux visages. On lui a assigné de nouveaux objectifs, et elle a fini par se confondre avec la technologie et par symboliser une sorte de puissance globale, à la fois technique, industrielle, économique et militaire. Finie, la quête fervente de savoir ? La science s'est hybridée, elle a éclaté : technoscience industrielle ou recherche appliquée ici, moyen d'action politique là, recherche fondamentale ailleurs. Existe-t-elle encore ? Ses avatars ne sont-ils pas en train de la dévorer toute crue, tel Kronos castrant son père ? En témoigne le mot « science », qui recouvre désormais trop de choses différentes : la science en soi, dont le but central est de comprendre le monde, mais aussi et surtout ses effets, positifs et négatifs, ses dérives.

À travers les controverses que les applications de la science suscitent, ce n'est rien de moins que la question politique du projet de la cité, de ses fins, qui se trouve aujourd'hui posée : que voulons-nous faire socialement des savoirs et des « pouvoir-faire » que la science nous offre ? Les utiliser tous, par principe et au nom du progrès, ou les choisir, faire du cas par cas ? L'enjeu est crucial dans un monde traversé de tensions et de conflits, dont certains touchent précisément aux conséquences du développement technologique. L'opinion souvent se crispe, les citoyens parfois s'entre-déchirent. Des crises éclatent, qui inquiètent. Pour tenter de les décrypter, voire de les prévenir, on sollicite les sciences humaines et la réflexion morale. Et pour la première fois dans l'histoire, on en vient à s'intéresser très officiellement au problème des « relations science-société », au point que celles-ci sont devenues un enjeu européen...

Pour le scientifique que je suis, il s'agit d'abord de sortir du piège de la logique binaire, de deux idéologies diamétralement opposées aux effets également ravageurs. Celle qui avance qu'un engagement dans toujours plus de science et de développement technologique suffira, *de lui-même*, à nous tirer d'affaire – comme si tous nos problèmes n'étaient finalement que d'ordre scientifique ! Et celle qui, sous prétexte que l'entreprise scientifique a parfois mis le cap sur le pire, défend que nous devrions au contraire la freiner ou l'abandonner, voire marginaliser les connaissances que nous lui devons – comme s'il suffisait d'en savoir moins pour mieux se comporter ! Comme si les erreurs commises au nom de la science, ou grâce à elle, rendaient l'ignorance valeureuse ! Si l'humanité a vraiment besoin de victimes expiatoires, ne pourrait-elle pas commencer par regarder du côté des marchands de sable ?

Depuis quelque temps déjà, je pense qu'un divorce se profile entre la science et la société, mais sans en distinguer précisément les causes. Il y a deux ans, par le plus grand des hasards, j'ai fait une drôle de rencontre. En me ramenant aux origines de la science moderne – en somme à Galilée –, elle m'a permis de comprendre ce qu'il faut sauver à tout prix, et que j'appelle l'*esprit* de la science.

I

DES INDIENS DANS LA VILLE

Ce à quoi l'on n'a pas accès par l'expérience vécue, on n'a pas d'oreilles pour l'entendre.

NIETZSCHE

Un soir de l'hiver 2005, à Paris, je fus invité à une soirée bien particulière. Une amie, étudiante en ethnologie, avait réuni cinq chefs indiens d'un peuple d'Amazonie, les Kayapo – 7 000 personnes qui continuent de défendre un territoire de 195 000 km^2 contre la mainmise des gouvernements brésiliens successifs. Tout ce que je savais d'eux se résumait au nom de « Raoni », leur représentant politique venu en Europe à l'occasion d'une tournée que Sting avait organisée en 1989 pour la défense des peuples autochtones. Autant dire que je ne savais rien, ou presque.

Il neigeait ce soir-là. Ils sont arrivés simplement, vêtus à l'occidentale – anoraks, chemises, blue-jeans et baskets. Après quelques hésitations sur l'ouverture de la fermeture éclair, ils ont pris place dans les fauteuils. Les non-Indiens que nous étions se sont retrouvés sur les nattes que notre amie avait disposées sur le parquet à leur intention. Le repas fut joyeux. Je les regardais parler entre eux, plaisanter. Mais une fois le café bu, leurs visages sont devenus plus graves, leur ton plus solennel. L'un après l'autre, ils nous ont dit leur angoisse et leur révolte devant la menace que fait peser notre monde occidental et technologique sur le leur. Le gibier qui fuit leurs forêts, les coupes d'arbres qui assèchent les cours d'eau, le mercure qui sert à filtrer l'or mais empoisonne les poissons, l'autoroute qui traversera bientôt leurs terres et un projet de barrage qui risque de les affamer. Le dernier à prendre la parole, l'un des fils de Raoni, évoqua l'alcool que nous leur avons apporté et qui efface peu à peu les sourires des visages. Ils avaient énoncé à propos d'un espace délimité – la forêt qu'ils habitent –, les problèmes que nous rencontrons de façon globale dans notre monde développé. Leur discours était simple, juste, construit. Remarque d'un arrogant, pourrait-on me dire... D'un naïf plutôt.

À mesure que je les écoutais, je voyais se dessiner deux univers : le leur et le nôtre. Antagonistes. Inconciliables. Et cependant, stupéfaction ! Ces hommes de l'autre bout du monde, ces pêcheurs de piranhas qui peignaient sur leur corps des motifs de carapaces de tortues, m'apparaissaient dotés de raison, de logique, d'une faculté d'argumentation, de conceptualisation, d'une exigence de précision, comme nous autres, « héritiers » du miracle grec dont on prétend qu'il est à l'origine de toutes ces qualités... Et leurs critiques à l'encontre du développement technique qu'on veut leur imposer rappelaient étrangement celles qu'on entend... dans nos contrées !

J'étais abasourdi, arraché à « mon sommeil dogmatique », pour paraphraser Kant découvrant Hume. J'avais pourtant voyagé, y compris dans des régions très reculées du Népal, mais jamais je n'y avais abordé ces questions. Il faut dire que je ne partais pas pour apprendre le népalais mais pour taquiner les sommets. Du coup, j'ai fait ce que tout Occidental devrait faire : j'ai lu Claude Lévi-Strauss, histoire de dessiller un peu. Il n'y a pas de peuples « primitifs », mais des sociétés qui nous sont contemporaines, qui se sont développées parallèlement aux nôtres, avec leurs moyens propres. Elles ne se caractérisent pas par une « mentalité » close, mais mettent en œuvre une pensée qui est aussi la nôtre dès lors que nous cessons de penser comme des scientifiques. Irriguée de magie et de mythes, cette pensée ne s'attache pas moins à analyser, distinguer, classer, combiner, opposer, par des jeux de relations étonnamment précis et systématiques qui reflètent les propriétés du réel tel qu'il s'offre à la sensibilité.

Avec le recul, j'ai mieux compris : mon trouble n'était pas seulement lié à mon immaturité, à mon inculture. Une telle proximité avec la nature m'était radicalement étrangère, à moi dont le métier consiste pourtant à étudier la nature.

Nous vivions sur la même planète, mais leur nature n'était pas la mienne. La leur est habitée de qualités sensibles et fait partie de leur humanité : elle leur parle, ils l'écoutent – ils sont en communion avec elle. Pour le physicien que je suis, la nature est réduite à la matière et à l'énergie, elle est abstraite, insensible, dépouillée de toute vie. Éloquente, mais silencieuse. Je la comprends grâce à des concepts mathématiques qui saisissent, par le biais de nombres ou de figures, ses qualités « premières », ses attributs essentiels.

Car je suis, comme tous mes collègues scientifiques, physiciens et ingénieurs, un héritier de Galilée, l'homme qui a bouleversé notre rapport au monde en proclamant que la nature, la « vraie », est écrite « en langue mathématique, et

[que] ses caractères sont les triangles, les cercles et autres figures géométriques, sans lesquelles il est humainement impossible d'en comprendre un seul mot, sans lesquelles on erre vraiment dans un labyrinthe obscur[1] ». Saisit-on ce que cette déclaration a de révolutionnaire ? Elle est l'acte (proto)fondateur de la science moderne. En outre, c'est elle qui a donné à la physique toute son efficacité, devenue si spectaculaire au XXe siècle : on sait aujourd'hui décrire avec une très grande précision le comportement de particules des milliards de milliards de fois plus petites qu'un puceron, comme les quarks ou les gluons ; on a pu pressentir, puis établir l'existence de phénomènes tout à fait étranges, sans contrepartie aucune dans la vie courante, tels l'effet tunnel ou la non-séparabilité quantique ; prédire l'existence d'objets physiques dans l'univers que personne ne connaissait et n'avait encore observés, les antiparticules par exemple, les trous noirs, et – *last but not least* – le boson de Higgs, qui vient de pointer le bout de son nez au LHC (le *Large Hadron Collider* du CERN, à Genève) et dont la détection, annoncée *urbi et orbi* le 4 juillet 2012, nous permet de

1. Galileo Galilei, *L'Essayeur*, 1623, trad. C. Chauviré, Paris, Les Belles Lettres, coll. « Annales littéraires de l'université de Besançon », 1980, t. I, p. 232.

mieux comprendre les lois physiques à l'œuvre dans l'univers primordial.

C'est bien la preuve que les mathématiques sont un véritable « treuil » ontologique : elles sont capables d'enrichir, par des arguments qui leur sont propres, le mobilier de l'univers. Si, pendant de longues années, j'ai participé avec passion à ce qu'on appelle aujourd'hui de façon aride la « diffusion de la culture scientifique et technique », c'est dans le seul but d'expliquer au public les découvertes extraordinaires qu'elle a rendu possibles. Elle a ouvert la voie à des types de savoirs nouveaux, sans équivalence avec ceux que véhiculent les cultures traditionnelles ou les autres démarches de connaissance. Mais, car il y a un « mais », elle a *aussi* conduit à l'idée d'une nature séparée de nous-mêmes, et du coup susceptible d'être maîtrisée et arraisonnée. Cela, je le savais, mais de façon intellectuelle seulement. Ces Indiens me le révélaient. Dans la nature que j'observe, il y a de la beauté, certes, mais il n'est pas question d'homme, pas question de culture ni de psyché. Avec la science galiléenne, l'homme s'est autonomisé par rapport à l'univers qui l'entoure, jusqu'à devenir, Descartes aidant, un être d'*antinature*. Et j'allais m'apercevoir que cette « coupure »-là en a engendré d'autres, pour le meilleur et pour le pire.

En rencontrant ces Indiens, j'ai compris toute l'ambivalence du geste galiléen. L'acte qui a conféré à la science son efficacité lui a donné dans le même mouvement sa puissance. Moi qui, quelques années plus tôt, ne concevais pas qu'on pût trouver la moindre part d'ombre au génie de l'Italien, j'ai compris que les problèmes posés par la puissance de la (techno)science étaient *en germe* dans le geste qui a fondé la science moderne.

Pour autant, je ne voudrais pas qu'on liquide l'esprit de la science au motif d'un mauvais usage du monde.

II

De quoi Galilée est-il le nom ?

Galilée a été le créateur de la physique expérimentale et de la physique mathématique.

Antoine Cournot

« Monsieur, pourquoi nous parlez-vous autant de Galilée ? Il n'est après tout le père d'aucune véritable théorie, à la différence de Newton qui, lui, a inventé la mécanique : pourquoi le placer si haut dans votre panthéon personnel ? » Cette interpellation d'étudiant, j'y ai souvent eu droit.

Il y a quelques années, je me contentais de rappeler certains faits bien établis, que je trouvais extraordinaires. Aux alentours de 1604, Galilée découvre que la chute des corps dans le vide obéit à une loi simple : la vitesse acquise dans la direction verticale est proportionnelle à la durée de la chute et est indépendante de la masse et de la nature du corps. Résultat capital, qui vient contredire la théorie d'Aristote, laquelle expliquait depuis deux lancinants millénaires que la vitesse de chute est d'autant plus rapide que le corps est plus massif. L'hiver 1609-1610, durant quelques nuits claires, Galilée observe à travers la lunette astronomique qu'il a lui-même perfectionnée le caractère accidenté de la surface lunaire, puis les phases de Vénus et les satellites de Jupiter : le ciel n'apparaît plus comme la sphère parfaite, lisse et immuable à laquelle on a cru jusqu'alors. Le savant propose de renoncer à la distinction aristotélicienne entre le monde local, supposé imparfait et corruptible, et le monde lointain, supposé parfait et incorruptible, composé d'une « quintessence » inaltérable. Pour la première fois, le ciel et la Terre se rejoignent dans l'esprit d'un homme. Et dès lors que la matière est partout la même, « terreuse » ici comme sur la Lune, il ne faut envisager qu'une seule sorte de monde, composé d'une seule sorte de matière, partout soumise à des lois « universelles ». Bref, il existe un « univers », et un seul ! Quant à la Terre, elle n'est tout simplement plus le centre du monde, mais une planète tournant autour du Soleil, parmi d'autres, accompagnées elles aussi de lunes semblables à notre satellite.

La suite de l'histoire est connue : les démêlés du savant avec l'Église, son procès devant le Saint-Office en 1633, sa condamnation à abjurer ses opinions sur le mouvement de la Terre (ce qu'il fit), la fin de ses jours vécue en reclus, dans des souffrances physiques et morales, tandis que ses écrits devenaient, à la confusion de ses juges, le ferment de l'Europe savante. Chacun se souvient surtout de l'enjeu des joutes finales : la raison contre la foi, le savoir contre le pouvoir institutionnel. Avec Galilée s'est joué quelque chose comme la scène primitive de la science moderne dont il est devenu le symbole dominant.

À présent, lorsque d'autres étudiants me posent la question, j'insiste sur un point qui m'est apparu fondamental depuis ma rencontre avec les Kayapo : Galilée a posé les bases théoriques et expérimentales de la science moderne. Ses propres découvertes furent déterminantes, certes, mais il y a plus encore : sa façon de penser la nature a ouvert une brèche épistémologique extraordinairement féconde.

Galilée découvre que pour connaître la nature en profondeur, il faut commencer par admettre le caractère inessentiel des qualités sensibles que possèdent les choses. Le bleu du ciel, le caractère serein ou menaçant d'un paysage, la suavité des odeurs, la poésie des ciels d'avril, la beauté des formes, toutes ces qualités ne constituent en définitive qu'une apparence : elles ne sont pas dans les choses mêmes, mais seulement produites, sous forme de sensations ou d'impressions, par l'interaction que nous exerçons avec elles (« Quand une plume me touche les narines, cela me titille, dit Galilée. Mais cette titillation est toute en moi, et non dans la plume »). Accidentelles, contingentes, changeantes, dépendantes des circonstances, elles ne prennent corps que dans nos subjectivités respectives, de sorte que nous ne pouvons pas former à partir d'elles des propositions scientifiques, c'est-à-dire rigoureuses et universelles. En revanche, continue Galilée, nous disposons, *pour ce qui concerne l'essence des choses*, d'un mode de connaissance capable de nous livrer des vérités rationnelles, susceptibles de s'imposer à tout esprit. Et ce mode de connaissance exact et idéal, ce ne sont ni les livres existants qui le prescrivent, ni les théories enseignées, ni l'observation du monde, aussi attentive soit-elle : ce sont les mathématiques. Les mathématiques qui permettent d'exprimer par le biais d'équations les relations entre un petit nombre de variables pertinentes (qu'il aura fallu judicieusement choisir), et qui permettent de formuler des lois qui seront ensuite validées ou invalidées par des expériences.

C'est cette façon singulière d'envisager la nature qui va faire de la physique moderne une discipline capable de comprendre les phénomènes les plus intimes de l'univers, de conquérir des territoires qu'aucune autre démarche de connaissance n'avait même foulés, et d'établir des résultats inédits. Nous savons par exemple que l'univers a 13,7 milliards d'années, mieux, nous sommes devenus capables de reconstituer l'histoire des 13,7 derniers milliards d'années de l'univers : dans sa phase très primordiale, l'univers était beaucoup plus dense et beaucoup plus chaud qu'aujourd'hui ; depuis, il ne cesse de se dilater, de se diluer, de se refroidir, à un rythme dont on a récemment constaté l'accélération ; l'agglomération de particules élémentaires (les quarks et les gluons) a d'abord engendré les protons et les neutrons, qui sont les premiers systèmes structurés à être apparus dans le déroulement de l'histoire cosmique ; ces premières briques se sont ensuite assemblées pour former les premiers noyaux d'atomes, lesquels se sont associés aux électrons pour former les atomes proprement dits. La gravitation a rassemblé cette matière éparse pour former les étoiles dont la lumière inonde peu à peu l'univers, et les réactions nucléaires se déroulant en leur sein ont engendré la plupart des noyaux atomiques. Ceux de carbone, si importants pour la vie, ont résulté de la fusion de noyaux plus légers, etc.

Ce récit-là, qui, avant la physique moderne, aurait pu le faire ?

Cette mise en équation de la nature, d'une incroyable audace, a néanmoins son revers : elle a constitué un aiguillage discret mais décisif dans la conscience occidentale. Car c'est avec Galilée que l'idée d'une nature considérée comme un assemblage de corps matériels réellement séparé et fermé sur soi s'accomplit véritablement. La nature se sépare d'avec « le reste ». Ce clivage a produit l'idée d'une causalité naturelle *close sur elle-même*, autonome, et qui nous est donc extérieure. Le monde s'est comme dissocié : d'un côté, la nature (appréhendée sous le seul angle physico-mathématique), de l'autre, l'homme, renvoyé à lui-même, à la solitude de sa raison et de ses affects.

Cette coupure constitue la grande originalité de la pensée occidentale moderne, sa singularité principale. Mise à part la société occidentale, aucune autre société humaine ne cohabite avec le monde non humain (pris au sens large) sur le mode de la séparation. Ce que les Indiens m'ont fait voir ce fameux soir, les ethnologues et les anthropologues, eux, le savaient depuis belle lurette. Après Lévi-Strauss, c'est Philippe Descola qui m'a éclairé, et confirmé dans mes intuitions : partout ailleurs qu'au sein de l'Occident moderne, « les frontières de l'humanité ne s'arrêtent pas aux portes de l'espèce humaine [1] ». S'y trouvent inclus les plantes, les arbres, les

1. Philippe Descola, *Par-delà nature et culture*, Paris, Gallimard, coll. « NRF Essais », 2005, p. 15.

animaux, bref tous ces « corps associés », subalternes, que nous reléguons, nous, « dans une simple fonction d'entourage ».

C'est grâce à la séparation que nous avons installée entre nature et culture que notre science est devenue si efficace. Mais c'est à cause d'elle que la nature, finalement traitée comme si elle était à notre seule disposition, s'est peu à peu abîmée. Sans vergogne, nous l'avons marquée d'une empreinte irréversible, oubliant qu'elle était poreuse, réactive, fragile. Alors, en ces temps où elle semble se retourner contre nos assauts, où nous nous inquiétons du changement climatique, de la raréfaction des ressources fossiles, de la dégradation de la biodiversité, nous devons nous poser cette question : n'est-ce pas notre conceptualisation de la nature, fondée sur l'idée que nous serions autonomes par rapport à elle, qui avait préparé le terrain ? Le terrain qui a rendu possible d'abord l'exploitation de la nature, puis son asservissement ?

III

Galilée nous aurait-il égarés ?

Dans la détresse de notre vie, cette science n'a rien à nous dire.

Edmund Husserl

En 1938, Bertolt Brecht reprend sa dernière pièce, *La Vie de Galilée*, pour y ajouter une scène nouvelle qui fait peser un soupçon inattendu sur la science et la rationalité modernes. Un jeune disciple de Galilée, devenu moine, vient reprocher à son maître d'avoir vidé le monde de son sens. Ses parents, simples paysans, croyaient en un univers fermé, hiérarchisé, coloré par les valeurs symboliques qu'enseigne et cultive l'Écriture sainte, mais la science nouvelle lance la Terre parmi les planètes, plaçant ainsi l'homme dans un lieu sans importance, oubliant de justifier la sueur, la patience, la soumission, anéantissant ce qui faisait le prix et le sens de la vie : « Que diraient les miens, se demande-t-il, s'ils apprenaient de moi qu'ils se trouvent sur un petit amas de pierre qui, tournant à l'infini dans l'espace vide, se meut autour d'un autre astre, petit amas parmi beaucoup d'autres, passablement insignifiant de surcroît ? [...]. Je vois déjà leurs regards s'emplir de crainte, je les vois poser leurs cuillers sur la pierre du foyer, je vois comme ils se sentent trahis et trompés. Il n'y a donc aucun œil posé sur nous, diront-ils[1]. »

Aux yeux du dramaturge, Galilée apparaît comme le nom qu'on peut accorder, emblématiquement, à la réussite de l'Occident, mais aussi à son désarroi.

À la même époque, le philosophe allemand Edmund Husserl est interdit de toute activité académique dans son propre pays, au motif qu'il est juif. Le 7 mai 1935, il donne à Vienne une conférence qui fera date : *La Crise de l'humanité européenne et la philosophie*[2]. Le vieil homme

1. Bertolt Brecht, *La Vie de Galilée*, trad. É. Recoing, Paris, L'Arche, coll. « Scène ouverte », 1997, p. 80.

2. Publiée d'abord sous la forme d'un manifeste, *La Crise de l'humanité européenne et la Philosophie* (trad. de P. Ricœur, Paris, Aubier Montaigne, 1977), cette conférence donna lieu à une deuxième édition, augmentée, intitulée *La Crise des sciences européennes et la phénoménologie transcendantale* (Paris, Gallimard, coll. « NRF Essais », 1976).

sent le sol s'écrouler sous ses pieds, il a saisi la gravité de la situation historique – Hitler est au pouvoir depuis plus de deux ans –, mais sa riposte n'est pas dirigée contre des personnalités ou des groupes politiques. Son regard se porte plus loin. Vers la crise qui agite l'Europe. L'Europe qui désormais calcule davantage qu'elle ne pense. L'Europe qui a perdu la signification du dépôt spirituel hérité de l'Antiquité grecque : les questions qui l'intéressent commencent toutes par « comment », et non plus par « pourquoi ».

La faute à qui ? À Galilée, répond Husserl. Le Pisan demeure à ses yeux « le plus grand découvreur de la modernité, dont l'œuvre est une authentique œuvre de la pensée, étonnante au plus haut point[1] », mais son geste risque de nous perdre. La révolution galiléenne ne se résume pas à la victoire de la science sur l'ignorance, l'illusion et le préjugé. Elle inaugure aussi la *substitution* par laquelle le monde mathématique, c'est-à-dire le monde des idéalités, est pris pour le seul monde réel. Au départ, cette découverte n'avait de signification que méthodologique : pour connaître la réalité de l'univers matériel, il s'agissait de s'en tenir à ce qui est mathématisable, donc de ne pas prendre en

1. Edmund Husserl, *La Crise des sciences européennes et la phénoménologie transcendantale*, Paris, Gallimard, coll. « NRF Essais », 1976, p. 62.

compte son apparence sensible, l'expérience subjective que nous en avons. Mais, par un glissement insensible, cette réduction est devenue non plus seulement méthodologique, mais ontologique : elle a mis hors jeu nos affects, nos sensations, nos humeurs. Et ce qu'elle a mis hors jeu, on le tient désormais pour presque rien, tout au plus une apparence. Avec le recul, le geste de Galilée lui apparaît à la fois *découvrant* et *recouvrant* : découvrant, parce qu'en postulant que tout événement de la nature doit obéir à des lois exactes, il fraie la voie aux innombrables découvertes des physiciens ; recouvrant, parce qu'il réduit notre monde, *le monde dans lequel nous vivons et mourons*, à un jeu d'équations qui l'éloigne de nous et nous le rend étranger.

Au bout du compte, « Galilée a taillé un vêtement d'idées dans l'infinité ouverte des expériences possibles, mais il s'est comporté en couturier despotique : il a décrété que le réel ne portait pas d'autre vêtement que celui-là [1] ». Cette crise, explique Husserl, correspond à l'échec apparent du rationalisme. Apparent seulement, car ce n'est pas le rationalisme en lui-même qu'il faut remettre en cause, mais seulement son aliénation, son *enlisement dans l'objectivisme*. Le philosophe était sur ce point visionnaire.

1. Edmund Husserl, *La Crise des sciences...*, *op. cit.*, p. 75.

Si j'en suis venu à Husserl, c'est pour comprendre ce qui m'était arrivé ce soir-là, avec les Indiens. J'en suis venu à d'autres aussi, tel Michel Henry qui est allé jusqu'à écrire que Galilée représentait symboliquement l'« idéologie de la barbarie[1] ». Cette barbarie, en imposant l'idée qu'il n'existe qu'une seule forme de connaissance, celle que produit la science, s'acharnerait à détruire tout ce qu'il y a d'humain et de culture sur cette terre. Ces auteurs m'éclairaient, ils confirmaient que quelque chose était en germe dans le geste galiléen, mais j'avais le sentiment qu'ils allaient trop loin. Du coup, je suis retourné aux textes.

Je me suis repenché sur cette phrase de Galilée : le livre de la nature, avance-t-il, est écrit en langue mathématique, dont les caractères sont des figures géométriques « sans lesquelles il est humainement impossible d'en comprendre un seul mot, sans lesquelles on erre vraiment dans un labyrinthe obscur ». Arrêtons-nous un instant sur un mot pivot, l'adverbe « humainement ». Que signifie-t-il ici ? Soit on considère que le langage mathématique est celui de la nature même, de sorte que le scientifique – cet humain qui étudie la nature – devra nécessairement apprendre ce langage (qui n'est pas le sien) pour

1. Michel Henry, *La Barbarie*, Paris, Grasset, 1987, p. 89.

la comprendre. Dans ce cas, l'expérience n'est qu'une opération passive, un simple travail de sténographie : le physicien entre en contact avec les phénomènes naturels en parlant le même langage qu'eux. Soit, à l'inverse, on juge que ce langage est d'abord et surtout celui de l'homme, et qu'en conséquence c'est dans ce langage-là que devront être préalablement traduits les phénomènes naturels pour *lui* devenir intelligibles. Dans ce second cas, l'expérience devient une opération active, et même une élaboration d'un type très spécial : on doit formater préalablement le registre et la forme des données que la nature nous livre de telle sorte que celles-ci s'adaptent à notre propre grille de lecture. L'expérience cesse alors d'être une simple sténographie du réel pour devenir une opération dirigée, construite, un dispositif coercitif qui oblige la nature à exhiber des nombres, à produire des « phrases », selon un vocabulaire et une grammaire qui ne sont pas les siens.

L'interprétation qu'on choisit de donner au mot *humainement* change manifestement le statut de l'expérimentation, donc le degré de mathématisation qu'il faut attribuer à la nature elle-même. Galilée n'a pas pris parti sur ce point qui lui apparaissait sans doute secondaire. J'imagine volontiers qu'il a eu recours aux mathématiques parce qu'il les jugeait seules capables, par leur rigueur, de conduire le physicien à la vérité.

Sans doute l'intéressaient-elles davantage comme moyen technique (venant seconder la logique) que comme visée métaphysique (permettant d'exprimer une réalité plus stable et plus harmonieuse, sous-jacente aux phénomènes).

De là à considérer que la marginalisation, l'abstraction de l'univers apparent au profit d'un univers mathématique nous ont fait sombrer dans un objectivisme tous azimuts qui aurait totalement dévitalisé notre rapport au monde, à la nature, il y a un pas que le physicien que je suis ne parvient pas à franchir. Une certaine technoscience est devenue inquiétante, mais je n'en conclurai pas pour autant que la science moderne serait, par essence, barbare et inhumaine.

Reste que le petit moine de Brecht avait saisi le problème. Le geste galiléen nous a laissés désemparés : nous voilà maîtres d'un savoir et d'une puissance considérables, s'accroissant sans cesse et, dans le même temps, nous sommes désorientés : pour quelles fins agir ? Au nom de quelles valeurs ?

IV

La science, un trésor d'incomplétude

Il y aura toujours un adolescent qui pleure dans un coin, des ombres qui passent dans un parc, même si les arbres sont en duralumin.

Léon-Paul Fargue

En 1939, Albert Einstein, invité à prendre la parole au séminaire de théologie de l'université de Princeton, déclara : « Il est indéniable que des convictions ne peuvent trouver de confirmation plus sûre que l'expérience et une pensée consciente claire. On ne peut sur ce point que donner raison aux rationalistes extrêmes. Mais le point faible de cette conception est que les convictions indispensables pour agir et porter des jugements ne peuvent en aucun cas être obtenues par cette seule voie scientifique avérée.

La méthode scientifique ne peut en effet rien nous apprendre d'autre qu'à saisir conceptuellement les faits dans leurs déterminations réciproques. Le désir d'atteindre à une connaissance objective fait partie des choses les plus sublimes dont l'homme est capable. Mais il est d'autre part évident qu'il n'existe aucun chemin qui conduise de la connaissance de ce qui *est* à celle de ce qui *doit être*[1]. »

Le père de la relativité a presque tout dit là : grâce à la démarche scientifique, nous sommes devenus capables d'acquérir des connaissances objectives sur le monde, ce qui est en soi une prouesse, mais pour autant, la science ne peut pas tout, contrairement à ce qu'avaient espéré les scientistes radicaux, les « rationalistes extrêmes » comme les appelle Einstein. Ceux-là pensaient que la science pourrait répondre à l'ensemble des questions que nous nous posons, y compris à celles que nous qualifions de métaphysiques : au bout du compte, elle parviendrait à expliquer non seulement l'univers physique, mais aussi la vie et la conscience dans tous leurs aspects, nous prescrivant ainsi ce qui est bon ou mauvais. Philanthropes souvent zélés, fascinés par les succès de la science, ils avaient su trouver des accents lyriques pour annoncer que leur nouvelle déesse

1. Albert Einstein, *Œuvres choisies*, Paris, Le Seuil/Éditions du CNRS, 1991, vol. V, p. 165.

finirait par apporter une heureuse réponse à toutes les interrogations qui nous tourmentent, et éclairerait ainsi nos vies dans leur ensemble. Par leur entremise, l'esprit scientifique attira sur lui le préjugé d'une compétence universelle.

Soixante-dix ans après la conférence d'Einstein, un tel optimisme se fait plus rare, même si l'on continue d'entendre des propos exagérément enthousiastes : régulièrement, des physiciens théoriciens aux allures de cadres supérieurs de chez Méphistophélès affirment qu'ils sont en passe d'encapsuler le monde dans leur grosse cervelle, de faire entendre sous la forme d'une équation unique le poème admirable qui sans cesse scande l'univers, bref de découvrir *la* « théorie du Tout » qui permettra une description à la fois exacte et totalisante de ce qui est. Le grand livre de Stephen Hawking se concluait par exemple par ces mots incroyables, dits sur un ton badin : « [...] si nous découvrons une théorie complète, elle devrait un jour être compréhensible dans ses grandes lignes par tout le monde, et non par une poignée de scientifiques. Alors, nous tous, philosophes, scientifiques et même gens de la rue, serons capables de prendre part à la discussion sur la question de savoir pourquoi l'univers et nous existons. Si nous trouvons la réponse à cette question, ce sera le triomphe ultime de la raison humaine – à ce moment, nous connaîtrons la pensée de Dieu[1]. » La pensée de Dieu ? Bigre ! Comme s'il allait de soi que Dieu « pense », et qu'une équation pourrait nous dire *ce* qu'Il pense !

Il ne s'agit bien sûr que de sympathiques coups de bluff. On ne peut pas honnêtement promettre que la science nous mènera aussi loin. Car, au fond, les sciences ne traitent vraiment bien que des questions... scientifiques. Or celles-ci ne recouvrent pas l'ensemble des questions qui se posent à nous. Du coup, l'universel que les sciences mettent au jour est par essence incomplet. Il n'aide guère à trancher les questions qui restent en dehors de leur champ. En particulier, il ne permet pas de mieux penser l'amour, la liberté, la justice, les valeurs en général, le sens qu'il convient d'accorder à nos vies. Par exemple, le fait de savoir de façon certaine qu'il y a dans chaque atome le même nombre de particules de charge positive que de particules de charge négative ne nous indique guère quel usage nous devrions faire de la parité en politique. L'universel que produisent les sciences ne définit pas davantage la vie telle que nous aimerions ou devrions la vivre, ni ne renseigne sur le sens d'une existence humaine : Comment vivre ensemble ? Comment se tenir

1. Stephen Hawking, *Une brève histoire du temps*, trad. I. Naddeo-Souriau, Paris, Flammarion, 1989, p. 220.

droit et au nom de quoi le faire ? De telles questions sont certes éclairées par la science, et même modifiées par elle – un homme qui sait que son espèce n'a pas cessé d'évoluer et que l'univers est vieux de 13.7 milliards d'années ne se pense pas de la même façon qu'un autre qui croit dur comme fer qu'il a été créé tel quel en six jours dans un univers qui n'aurait que six mille ans –, mais leur résolution se fait au-delà de son horizon.

Ce n'est que dans la seconde moitié du XXe siècle qu'on a vraiment pris conscience qu'il existe une ligne de partage entre science et valeur, et ce constat a sournoisement modifié notre rapport à la science. Chez ceux qui l'apprécient pour ce qu'elle est, il a engendré une sorte de dégrisement salutaire, libérateur même. Mais chez les autres, ce dégrisement a pris la forme d'un sentiment de déception, dû à un malentendu : on avait chargé la science de tâches morales ou politiques qu'elle est impuissante à remplir. Les questions relatives à nos valeurs, m'a-t-on souvent expliqué à la fin de mes conférences, sont celles qui nous importent le plus, car c'est autour d'elles que nous déterminons nos actes, construisons nos aspirations, nos projets. Dès lors, si la science se montre incapable de nous fournir les références dont nous avons besoin, si elle éclaire le vrai mais sans pouvoir lui conférer un sens, il n'y a rien d'étonnant à ce que nous relativisions ses conquêtes, ou n'y prêtions que peu d'attention.

J'entends l'argument, mais je m'en méfie comme de la peste, car il peut mener tout droit à la marginalisation des savoirs scientifiques. De plus, il me semble que l'idée selon laquelle la science n'aurait pas de conséquences sur le plan moral n'est vraie que d'un point de vue strictement logique : on ne peut pas déduire une affirmation de type moral uniquement à partir d'assertions factuelles. Mais, d'un point de vue social, politique et psychologique, c'est plutôt le contraire qui s'est produit : au cours des XVIIe et XVIIIe siècles, en Europe, puis un peu partout dans le monde, la science a joué un rôle d'acide, dissolvant progressivement certaines croyances enseignées par les autorités supposées naturelles, qu'il s'agisse du clergé, de la monarchie ou de l'aristocratie. Il suffit de repenser à Galilée, qui a souffert pour les droits de la raison et de l'expérience face aux dogmatismes de toutes sortes, et dont les idées ont fini par triompher. La science n'énonce certes pas ce que nous devons penser, mais, à propos des choses ou des phénomènes qui relèvent de sa compétence, elle a d'autant plus d'autorité pour nous indiquer ce que nous ne pouvons plus croire, et *comment* agir sur certains phénomènes.

Beaucoup de nos contemporains pensent que la violence, loin de ne provenir que du détournement de la connaissance scientifique vers des technologies militaires, serait inhérente à la vision du monde qui caractérise la science moderne : nous n'aurions fait pousser l'arbre gigantesque de la connaissance scientifique qu'à seule fin d'y tailler des matraques. Selon eux, l'histoire sanglante et destructrice de l'Occident aurait déjà démontré l'existence d'un lien quasi ontologique entre l'exercice des sciences et celui de la domination violente. Or, la science n'est pas spontanément *thanatique*. Elle demeure même, d'une certaine façon, innocente. En effet, même si c'est au risque de choquer, on doit reconnaître que la bombe atomique ne lui est pas *directement* imputable parce que, en s'en tenant strictement à l'ordre des choses, ce n'est pas elle qui a désigné ce but à l'action des hommes. Certes, c'est bien la physique nucléaire qui a rendu possible la fabrication d'une telle arme, mais *ce n'est pas elle qui l'a prescrite, ni qui a commandé son largage sur Hiroshima ou Nagasaki*. D'une manière générale, la science n'a jamais dit un mot à l'homme de ce qu'il doit faire. C'est donc lui, et seulement lui, qui demeure le seul responsable. C'est lui, et personne d'autre, qui a passionnément voulu le mousqueton, le canon, la bombe.

La science n'édicte pas de valeurs, mais cela ne l'empêche pas d'en avoir une, et même plusieurs. La plus importante à mes yeux tient à ce qu'elle peut, dans certaines situations, faire des « découvertes philosophiques négatives » : certains de ses résultats modifient les termes en lesquels certaines questions philosophiques se posent, apportent des contraintes, et s'invitent ainsi dans des débats qui leur sont *a priori* extérieurs. Cela les rend éminemment précieux, incontournables même. Qui oserait de nos jours disserter sur la matière en restant à Aristote, sans jamais évoquer la découverte de l'atome auquel le philosophe ne croyait pas ? de la nature du « réel » sans faire référence aux leçons révolutionnaires de la physique quantique ? de la structure de l'espace-temps sans tenir compte des équations de la théorie de la relativité ? Certaines avancées scientifiques obligent la réflexion philosophique à se remobiliser, à ouvrir de nouveaux chemins de pensée, parfois à carrément se corriger.

Lorsqu'il voulait démontrer que le discours de la science n'est jamais capable de délivrer de son propre mouvement un sens, son sens « spécial pour nous », Husserl prenait justement l'exemple des équations de la relativité restreinte : « On ne nous apprend pas comment des formules en général, comment une objectivation mathématique peuvent prendre sens sur le soubassement de la vie et de l'environnement intuitif ; les bouleversements introduits par Einstein sont spectaculaires, mais ils ne réforment pas l'espace et le temps où se déroule notre vie d'être vivant [1]. » Certes, la théorie de la relativité n'a guère changé notre rapport quotidien au temps et à l'espace, mais elle constitue la « théorie cadre » de l'espace-temps, celle qui sous-tend avec succès toute la physique actuelle. Découverte de grande ampleur s'il en est ! De là sa valeur, magistrale, irréductible.

Mais je crois comprendre ce que Husserl voulait dire : pour qu'il y ait émergence d'un sens, il faudrait qu'existe une affinité entre la conscience et ce qu'elle vise, que ce que la science dévoile « nous dise quelque chose » de telle sorte qu'une réciprocité affective puisse s'installer, prendre corps. Or la science moderne, avec son objectivité froidement silencieuse, semble empêcher l'établissement d'une telle réciprocité. Elle ne nous dit rien qui puisse vraiment toucher notre affectivité. C'est du moins ce qu'ont pensé de nombreux philosophes, notamment Simone Weil : « Depuis la Renaissance, écrivait-elle, la conception même de la science est celle d'une étude dont l'objet est placé hors du bien et du mal, surtout hors du bien, considéré sans aucune relation au bien. La science n'étudie que les faits comme tels. Or les faits, la force, la matière, isolés et considérés en

1. Edmund Husserl, *La Crise de l'humanité européenne et la philosophie*, *op. cit.*, p. 87.

eux-mêmes, sans relation avec rien d'autre, il n'y a rien là qu'une pensée humaine puisse aimer [1]. » Phrases terribles, mais peut-être elles-mêmes incomplètes ou inexactes, car elles passent sous silence la joie profonde, la joie singulière qui surgit dans un esprit lorsque enfin, lorsque soudain il comprend ce qu'il cherchait à comprendre. Personnellement, je me souviens comme si c'était hier de mes premières joies intellectuelles, au collège puis au lycée : une démonstration mathématique qui devient soudain lumineuse ; un raisonnement abstrait, philosophique ou scientifique, qui fait mouche et éclaire tout ce à quoi il s'applique ; la réalisation d'une modeste expérience de physique, un circuit électrique élémentaire par exemple, avec des fils, une résistance, une capacité, un voltmètre, dont les résultats des mesures coïncident exactement avec ceux prévus par les calculs... Chaque fois, c'était une révélation, une jubilation. Comprendre, sentir la portée d'une idée ou d'un concept, percevoir sa beauté, découvrir la clé d'un raisonnement ou d'une découverte, cela vous déplace, vous transforme subitement *en quelqu'un d'autre*. Le réel, soudain, vous répond. Se crée alors un contact intime, serré, avec lui, contact qui procure une joie sans

1. Simone Weil, *L'Enracinement*, in *Œuvres*, Paris, Gallimard, coll. « Quarto », 1999, p. 1187.

équivalent. On peut littéralement *se faire plaisir* avec la science, vibrer grâce à elle, c'est d'ailleurs pourquoi elle ne manque pas d'amants : comprendre aide à mieux ressentir.

Reste néanmoins une question, *la* grande question : comment joindre l'amour du monde à sa compréhension ? Comment élargir la rationalité pour qu'elle devienne généreuse, poétique, « pantophile » ? Comment aller au-delà de la connaissance, savoir vivre, savoir écouter, excéder l'application du critère d'exactitude ? Ces défis sont précisément ceux que nous, les scientifiques, n'avons pas su relever : la science désormais semble triste, lointaine, étrangère. Du coup, il y a « crise », pour parler comme Husserl, mais la crise dont il est ici question ne touche pas les sciences elles-mêmes, comme ce serait le cas si elles étaient confrontées, de l'intérieur, à quelque contradiction insurmontable ou, de l'extérieur, à un amenuisement des moyens qui leur sont donnés : elle concerne seulement les difficultés qu'ont les sciences à éclairer le sens et la finalité de l'existence humaine. Certains avaient cru pouvoir les associer à l'idéal d'une vie responsable et d'un ordre social harmonieux, d'autres à la promesse du bonheur pour tous. Et puis non. Rien de tout cela n'est réellement advenu : il y a eu comme une « allotélie », c'est-à-dire un avènement de résultats autres que ceux escomptés.

Tout s'est passé en somme comme si nous

avions été victimes d'un « égarement », pour reprendre le titre d'un ouvrage d'Olivier Rey : « La crise est d'autant plus grave, constatait ce jeune mathématicien, que la méprise remonte plus loin, et que dans l'intervalle la science s'est développée dans des proportions telles que le désarroi quant à son statut philosophique débouche sur un désarroi général de la conscience occidentale [1]. » L'échec du scientisme nous laisse d'autant plus désemparés qu'aucune philosophie d'envergure ne semble plus capable d'élever la voix, de colmater la brèche. Il y a comme un vide à combler. Livrés à nous-mêmes, nous nous laissons de plus en plus tenter par toutes sortes de couettes mentales, dont certaines ont des allures de banqueroute philosophique : scepticisme radical ou dogmatismes divers. La quête du sens part dans tous les sens. Il y a donc une certaine urgence à faire collaborer la philosophie et la science, à percer le mur qui continue de les séparer. La tâche s'annonce rude, car en apparence, la démarche de la première n'a pas grand-chose à voir avec celle de la seconde. On dirait même qu'il s'agit de deux modes presque opposés, étrangers l'un à l'autre, d'exercice de l'activité intellectuelle, qui ne traitent pas des

1. Olivier Rey, *Itinéraire de l'égarement. Du rôle de la science dans l'absurdité contemporaine*, Paris, Seuil, 2003, p. 24.

mêmes problèmes, ne mettent pas en jeu les mêmes raisonnements ou facultés, ne reposent pas sur le même type d'organisation sociale, ne répondent pas aux mêmes finalités et ne sont pas entretenus de la même manière par la société. Pourtant, tout en étant très différents, ils sont quelque part très semblables. Une même visée, la connaissance au sens large, les anime, de sorte que ces deux activités, aussi éloignées et hétérogènes soient-elles, communiquent. Leur rapprochement ne devrait donc pas être impossible. Il aurait l'avantage d'offrir à la philosophie l'occasion d'un renouvellement de ses problématiques. Symétriquement, il donnerait aux sciences, guettées par le danger de l'hyperspécialisation, l'occasion d'entretenir leur créativité conceptuelle, de mieux penser leurs avancées, et peut-être aussi de les connecter à l'histoire des idées. Bref, les deux partis y gagneraient certainement, en vertu de deux lois aisément vérifiables en pratique. La première est que le mépris affiché par certains philosophes à l'égard de tout ce qui rappelle de près ou de loin la science ne fait pas souffler le vent de la pensée : il ne suffit pas de dénigrer la technique pour préserver la culture. La seconde est que la possession de connaissances scientifiques de haut niveau et l'habitude de la démarche scientifique ne constituent pas, par elles-mêmes, un moyen de défense efficace contre la mauvaise philosophie, et encore moins une garantie pour bien penser.

Une connaissance objective de la nature ne saurait suffire pour résoudre les problèmes généraux de la cité, ni à étancher les aspirations de notre âme, ni à fournir de son propre élan une sagesse *qui nous parle*. La politique, l'éthique, la spiritualité et la philosophie nous demeurent absolument et définitivement indispensables. Dont acte. Mais cette incomplétude de la science ne signifie pas son échec ! Au contraire, même, puisqu'elle est précisément la condition de sa fulgurante efficacité : *c'est parce qu'elle n'embrasse pas toutes choses que la science étreint bien et devient féconde*. Il lui faut circonscrire son objet, le délimiter, de sorte que cet objet ne peut être d'emblée la totalité de ce qui est. Et cela ne saurait constituer un argument pour ne plus s'intéresser aux résultats que nulle autre démarche de connaissance, ni aucune tradition philosophique ou religieuse, n'ont pu obtenir avant elle ni ne peuvent aujourd'hui contester. Les connaissances que produit la science sont, en ce sens, *extra*ordinaires. Certes, elles ne peuvent guère éclairer le sens de nos vies, mais ce qu'elles révèlent est singulier, unique. La science est souveraine dans son ordre, maîtresse des réponses aux questions délimitées qui sont les siennes. Nous devons en prendre acte. Car comment croire que le rejet de la connaissance scientifique deviendrait *ipso facto* pourvoyeur de sens, de vitalité existentielle, de ressourcement spirituel ? Porteur de croyances régénératrices ? Opérateur de salut pendant qu'on y est ?

Jeter hors du bain de la culture, par dépit ou par fanatisme, les savoirs scientifiques reviendrait implicitement à considérer l'ignorance comme le meilleur remède à nos tourments existentiels ou métaphysiques. Ce serait absurdement rejeter tous les résultats de la science au seul motif que les attentes du scientisme ne se sont pas réalisées. Or le scientisme est une idéologie que la science peut susciter mais n'implique nullement. Simplement, sous couvert de triomphe de la raison et en vue du bonheur de l'humanité, on a, à certaines époques, présenté la science comme la nouvelle idole, porteuse d'un projet métaphysique, celui du dévoilement complet de l'Être. Mais ce projet n'est qu'une illusion, que Nietzsche avait fort bien dénoncée : « Il existe un fantasme profond, écrivait le bouillant philosophe, qui vient au monde, pour la première fois, dans la personne de Socrate : la croyance inébranlable que la pensée, en suivant le fil conducteur de la causalité, peut atteindre jusqu'aux abîmes les plus lointains de l'être et qu'elle est à même non seulement de connaître l'être, mais encore de le *corriger*. Cette sublime puissance d'illusion métaphysique est attachée à la science comme un instinct[1]. » C'est cet attachement instinctif qu'il faut défaire : la science n'est ni bonne ni mauvaise, et ne nous parle pas. Que je sache, elle ne nous a rien promis, elle ne s'est engagée sur rien : seuls les humains, scientifiques ou non, parlent, parlent d'elle ou pour elle, et l'engagent dans des prophéties. Il faut donc raffoler des raccourcis rhétoriques pour oser prétendre qu'elle nous aurait personnellement trahis.

Finalement, en plaçant la science sous l'égide de la promesse, de l'utopie, de la révélation, du salut, le scientisme a certainement été son pire ennemi. Il a rendu la déception inéluctable, et il a provoqué, en réaction contre lui, l'avènement d'un autre ennemi, son exact symétrique : le relativisme.

1. Nietzsche, *La Naissance de la tragédie* (1872), Paris, Gallimard, coll. « Folio », 1989, p. 234.

V

« MONSIEUR, PERSONNELLEMENT, JE NE SUIS PAS D'ACCORD AVEC EINSTEIN ! »

Le concept de « vérité », compris comme dépendant de faits qui dépassent largement le contrôle humain, a été l'une des voies par lesquelles la philosophie a, jusqu'ici, inculqué la dose nécessaire d'humilité.

Bertrand RUSSELL

Le doute et la certitude sont engagés dans une altercation séculaire. Ils forment un couple turbulent mais inséparable, dont les aventures taraudent la réflexion européenne depuis ses débuts : le partage entre ce que l'on sait et ce que l'on croit savoir n'a pas cessé de hanter les philosophes, et, de Socrate à Wittgenstein en passant par Pyrrhon et Descartes, les critères du vrai n'ont cessé d'être auscultés et discutés. Ce qui est certain, est-ce ce qui a résisté à tous les doutes ? Ou bien est-ce ce dont on ne peut pas imaginer de douter ? La vérité plane-t-elle au-dessus du monde ou est-elle déposée dans les choses et dans les faits ? La science peut-elle aller l'y chercher ?

Voilà d'aimables et inusables sujets de dissertation. Cela ne les empêche pas d'être d'une brûlante actualité : on accuse désormais la science d'être un récit parmi d'autres, d'avoir pris le pouvoir grâce à des arguments d'autorité, et non parce qu'elle aurait un lien privilégié avec le « vrai ». Une anecdote m'a fait prendre conscience de cette situation, assez nouvelle me semble-t-il. Un jour, au terme d'un cours donné devant deux cents étudiants, alors que je venais de terminer au tableau un calcul de relativité restreinte montrant que la durée d'un phénomène n'est pas la même pour tous les observateurs (ce qu'on appelle la « dilatation des durées »), un jeune homme demanda la parole : « Monsieur, personnellement, je ne suis pas d'accord avec Einstein ! » J'imaginai qu'il allait défendre une théorie alternative, donner des éléments pour remettre en selle l'idée d'un éther luminifère qu'Einstein avait mise à mort, bref qu'il allait argumenter. Je l'invitai donc à s'expliquer : « Je ne crois pas à cette dilatation des durées que vous venez de calculer, se contenta-t-il de répondre, parce que je ne la... sens pas ! » Là, j'avoue, j'ai dû encaisser le choc : ce jeune homme avait suffisamment confiance dans ses intuitions et sa subjectivité pour penser qu'elles lui permettaient de contester un résultat que près d'un siècle d'expérimentation et d'objectivation avait permis de valider. Du haut de ses vingt ans, il pensait mieux savoir ce qu'il faut penser du temps qu'Einstein lui-même, qu'il n'avait d'ailleurs sans doute jamais lu. En somme, à ses yeux, les énoncés de la science ne devaient être que des récits comme les autres, en grande partie arbitraires, qu'on peut donc contester en n'invoquant que son seul « ressenti » épidermique, sans autre forme de procès. J'ignorais que la subjectivité triomphante pouvait tant peiner à s'incliner devant ce qu'il faut bien appeler « l'objectivité scientifique ».

J'ai mis ce petit événement isolé en relation avec d'autres, plus habituels : depuis que j'écris des livres, soit une quinzaine d'années, je reçois régulièrement des courriers volumineux, expédiés le plus souvent par des ingénieurs à la retraite ayant travaillé dans l'industrie ou les services. Les lettres d'accompagnement se ressemblent : « Monsieur, après quarante ans de réflexion personnelle, je pense avoir démontré que telle théorie (la relativité, la physique quantique, au choix) ou tel principe de base de la physique est faux. Voici mes arguments... Qu'en pensez-vous ? » Suivent tantôt des calculs très compliqués, sans commentaires permettant de les comprendre, tantôt un embrouillamini de phrases confuses. Je crois savoir que mes collègues paléoanthropologues reçoivent de semblables missives, qui, elles, contestent la théorie darwinienne de la sélection des espèces.

Il faut dire, à la décharge de ces zélotes de la vérité en marche, que l'exemple vient de haut : un ancien ministre de l'Éducation nationale, géologue reconnu, mais non-climatologue notoire, a pris l'habitude de clamer sur les ondes et les plateaux de télévision ou dans ses chroniques que les chercheurs du GIEC [1] sont incompétents et que lui a « *sa* » vérité sur la planète, c'est-à-dire, à ses yeux, la vérité tout court. Le stratagème est simple : faire accroire qu'on est un nouveau Galilée, adopter un ton victimaire, laisser entendre que les « soi-disant » experts nous font prendre des vessies pour des lanternes. Le problème, bien sûr, c'est que n'est pas Galilée qui veut.

ça, c'est fait...

1. Le GIEC est le Groupe (d'experts) intergouvernemental sur l'évolution du climat. Il n'est pas un organisme de recherche, mais un lieu d'expertise visant à synthétiser des travaux menés dans les laboratoires du monde entier. Le prix Nobel de la paix lui a été attribué en 2007, conjointement à Al Gore.

Ces trois types d'attitude que je viens de décrire – chez un étudiant narcissique, quelques ingénieurs à la retraite mais très sûrs d'eux, un homme de pouvoir qui s'autoproclame omniscient – ont des implications de gravité différente, mais tous posent, chacun à sa façon, une question générale : a-t-on le droit de nier ce que dit la communauté scientifique « officielle » en mettant en avant sa propre intuition ou ses convictions personnelles ?

Aujourd'hui, en réaction contre les excès simplistes du scientisme, la science est de plus en plus visée par les thèses « relativistes », qui servent de socle à des critiques de plus en plus vives de ses discours : Pourquoi vous, les scientifiques, ne respectez-vous pas les autres formes de savoir, les autres démarches de connaissance ? Le vaudou ou l'astrologie n'auraient-ils pas leur pertinence ? Votre science « officielle » n'est-elle pas finalement un récit parmi d'autres ? Comment pouvez-vous prétendre vous référer à la rationalité alors que les jugements esthétiques et les préjugés métaphysiques imprègnent sinon votre démarche tout entière, du moins certaines de ses phases ? Et votre légitimité, qui semble si incontestable, est-elle fondée sur autre chose que des effets de pouvoir ?

Cette vision bénéficie d'une sympathie intellectuelle quasi spontanée, notamment dans les milieux étudiants. Pourquoi séduit-elle tant ?

Sans doute parce que, interprétée comme une remise en cause des prétentions de la science, un antidote à l'arrogance des scientifiques, elle semble nourrir un soupçon qui se généralise, celui de l'imposture : « Finalement (en science comme ailleurs), tout est relatif. ». En légitimant une forme de paresse, ce soupçon procure une sorte de soulagement : dès lors que la science produit des discours qui n'ont pas plus de véracité que les autres, pourquoi faudrait-il s'échiner à vouloir les comprendre, à se les approprier ? Il fait beau. N'a-t-on pas mieux à faire ?

Pareil questionnement profite également beaucoup du fait qu'on se méfie beaucoup, de nos jours, du concept de vérité. N'est-il pas lié au dogmatisme, à l'intolérance ? Ne conduit-il pas à juger, voire à condamner, tout ce qui « diffère » ? N'est-ce pas en son nom que l'homme a toujours tué ? Au prix d'une certaine ruse, n'a-t-il pas régulièrement servi d'alibi à la violence la plus débridée ? C'est pour défendre la vérité que les Européens auraient massacré les Indiens, mais aussi que se seraient faits la plupart des guerres, génocides, colonisations et crimes contre l'humanité. Certes, on peut se demander si, en découpant la réalité en deux, le vrai et le faux, on ne divise pas *ipso facto* l'humanité elle-même en deux : d'un côté, ceux qui possèdent la vérité ; de l'autre, ceux qui sont dans l'erreur, et si, à partir de cette distinction, ne se met pas en place une hiérarchie à l'intérieur même de la communauté humaine. Mais j'ai plutôt le sentiment que l'invocation de la vérité n'est jamais là qu'un habillage, qu'en l'occurrence le désir de tuer est premier, qu'il se manifeste en amont de toutes les justifications qu'on pourra lui trouver par la suite. Lorsqu'un *serial killer* étrangle sa énième victime, c'est rarement pour lui imposer son point de vue à propos de telle ou telle controverse scientifique. D'ailleurs, de nos jours, les crimes à mobile strictement cognitif ou épistémologique sont si peu fréquents que rien n'assure qu'un monde intégralement gagné par le relativisme deviendrait du même coup moins violent que le nôtre.

Que disent les scientifiques à propos de la vérité ? À les entendre, l'objectif qu'ils visent lorsqu'ils mènent leurs recherches serait de « découvrir la vérité », d'obtenir une représentation adéquate du monde tel qu'il est en lui-même. Hier, Einstein expliquait sa motivation inoxydable par son besoin irrésistible « de s'évader hors de la vie quotidienne, de sa douloureuse grossièreté et de sa désolante monotonie[1] », et d'espérer ainsi découvrir des « vérités scientifiques ». Aujourd'hui, le physicien américain Brian Greene déclare attendre de la théorie des

1. Albert Einstein, *Autoportrait*, Paris, Interéditions, 1980, p. 86.

supercordes, actuellement en construction, qu'elle « dévoile le mystère des vérités les plus fondamentales de notre Univers[1] ».

Détourner les chercheurs de cet idéal régulateur, de cette force motrice, reviendrait à détendre les ressorts de leur engagement, de leur volonté, de leur motivation. Pour espérer avancer, ils doivent impérativement croire sinon à l'accessibilité de la vérité, du moins à la possibilité de démasquer les contrevérités. Et sans doute doivent-ils aussi adhérer implicitement à une conception optimiste selon laquelle la vérité, dès lors qu'elle est dévoilée dans sa nudité, est toujours reconnaissable comme telle ; et, si elle ne se révèle pas d'elle-même, croire qu'il suffit d'appliquer la méthode scientifique pour finir par la découvrir.

Pareille attitude, assez répandue, ne signifie nullement que les chercheurs puissent trouver la vérité, mais au moins qu'ils la cherchent. Et s'ils la cherchent, c'est qu'ils ne l'ont pas (encore) trouvée. D'où leurs airs tantôt arrogants (parce qu'à force de chercher, ils obtiennent des résultats, font des découvertes, accroissent leurs connaissances), tantôt humbles (parce que, du fait qu'ils continuent de chercher, ils ne peuvent jamais prétendre avoir bouclé leur affaire). *Dans*

1. Brian Greene, *L'Univers élégant*, trad. C. Laroche, Paris, Robert Laffont, 2000, p. 37.

son élan même, l'activité scientifique a donc partie liée avec l'idée de vérité. C'est bien elle qu'elle vise plutôt que l'erreur.

Pour autant, le lien science-vérité est-il exclusif ? La science a-t-elle le monopole absolu du « vrai » ? Serait-elle la seule activité humaine qui soit indépendante de nos affects, de notre culture, de nos grands partis pris fondateurs, du caractère contextuel de nos systèmes de pensée ? Tel est le grand débat d'aujourd'hui.

Certains soutiennent mordicus qu'il n'y a pas d'autre saisie objective du monde que la conception scientifique : le monde ne serait rien de plus que ce que la science en dit ; avec leur symbolisme purifié des scories des langues historiques, les énoncés scientifiques *décrivent* le réel ; les autres énoncés, qu'ils soient métaphysiques, théologiques ou poétiques, ne font qu'*exprimer* des émotions ; bien sûr, cela est parfaitement légitime, et même nécessaire, mais il ne faut pas confondre les ordres ; les métaphysiciens qui s'enivrent de grands mots s'imaginent arpenter un domaine où il en va du vrai et du faux, mais en réalité ils s'égarent, se racontent des histoires, se font des illusions.

Aux antipodes de cette conception, dite positiviste, d'autres considèrent que la vérité est surtout un mot creux, une pure convention. Elle ne saurait donc être considérée comme une norme de l'enquête scientifique, et encore moins comme le but ultime des recherches. Ces « vériphobes » refusent de penser qu'il existe quelque démarche de connaissance qui serait en contact plus étroit avec le monde, qui lui serait mieux ajustée que n'importe quelle autre. Ne reste alors, selon eux, qu'à mettre au jour les véritables intérêts déterminants de la recherche scientifique, intérêts qui se cacheraient derrière les motivations affichées par les différents protagonistes. Certains sociologues des sciences radicaux soutiennent même que le contenu de la connaissance serait créé de toutes pièces par les scientifiques : « En reconnaissant le caractère conventionnel et artificiel de nos connaissances, écrivent par exemple Steven Shapin et Simon Schaffer, nous ne pouvons faire autrement que de réaliser que c'est nous-mêmes, et non la réalité, qui sommes à l'origine de ce que nous savons[1]. » En d'autres termes, les théories tenues pour « vraies » ou pour « fausses » le seraient non pas en raison de leur adéquation ou inadéquation avec des faits, mais en fonction d'intérêts purement sociologiques, voire moraux ou religieux.

Mais je me pose une question : est-il vraiment concevable que la physique, pour prendre un

1. S. Schaffer, S. Shapin, *Léviathan et la pompe à air. Hobbes et Boyle entre science et politique*, trad. Th. Piélat, Paris, La Découverte, 1993, p. 344.

exemple de discipline scientifique, ne se soit développée qu'en fonction de tels intérêts ? Bien sûr, l'existence de toutes sortes d'influences, notamment sociologiques, dans la pratique de la recherche n'est pas contestable, et elle est d'ailleurs pleinement reconnue par les scientifiques eux-mêmes. Dans sa leçon inaugurale au Collège de France, en 1971, Pierre-Gilles de Gennes mettait en garde ses collègues contre les effets de mode et les enthousiasmes prématurés. Il arrive, expliqua-t-il, qu'une nouvelle expérience, ou une nouvelle théorie, soit présentée, qui suggère, sans toutefois l'établir totalement, l'existence d'un phénomène insoupçonné, lequel est accepté, magnifié, étendu dans ses conséquences, alors que sa base demeure en fait incertaine. Cette déformation, poursuivait le futur Prix Nobel, « mérite le nom d'*anamorphose* ». Et il en donna un exemple. À la fin des années 1960, une équipe de physico-chimistes avait annoncé que l'eau, condensée dans des capillaires ultrafins, avait des propriétés anormales : son point de fusion et toutes ses autres caractéristiques étaient modifiés. Tout se passait comme si on avait là une « super-eau », plus compacte et plus stable que la phase usuelle. Dans cette perspective, toute l'eau des océans n'était qu'un fluide instable, prêt à se transformer en « super-eau » pour peu qu'on le soumît à des catalyseurs convenables. Certains théoriciens de la chimie quantique proclamèrent aussitôt que cette phase nouvelle pouvait être déduite de leurs spéculations et proposèrent des formules. Toute une chaîne d'implications biologiques, médicales ou militaires fut suggérée, et pendant plusieurs années les grandes puissances subventionnèrent des recherches sur la « super-eau ». Or, conclut Pierre-Gilles de Gennes, « il est maintenant certain que cette forme anormale de l'eau n'existe pas et que les observations initiales pouvaient être interprétées par des effets classiques de dissolution et d'interfaces. Voilà donc un exemple typique d'anamorphose : il montre à quel point un mythe peut germer, croître et persister durablement au sein de la communauté scientifique. L'origine du mythe est obscure ; toutefois, dans ce cas précis, un détail historique assez étrange doit être cité : plusieurs années avant les faits que je viens de rapporter, un ingénieur américain a écrit un roman de science-fiction, dont le thème était *exactement* celui d'une forme plus stable de l'eau, avec les mêmes implications. Une telle coïncidence n'est pas accidentelle. J'incline plutôt à en conclure que le rêve de la super-eau est une forme nouvelle du rêve de transmutation des alchimistes et qu'il reflète une composante constante de notre inconscient ».

De tels exemples d'hallucinations qui finissent par devenir collectives abondent dans l'histoire : il y a eu les rayons N, les avions dits « renifleurs » (adjectif dont l'anagramme n'est autre que... « Ruiner Elf » !), la mémoire de l'eau, la fusion froide... Mais de là à en tirer argument pour prétendre que les théories scientifiques ne sont que de simples conventions sociales établies par la communauté des chercheurs, il y a un pas qu'il faut, là encore, se garder de franchir trop vite. Certes, il semble raisonnable de penser que des intérêts militaires ont contribué à l'essor de la physique nucléaire, que des intérêts médicaux ont pu favoriser la recherche dans le domaine de la résonance magnétique, ou que des intérêts technologiques poussent aujourd'hui les physiciens à s'intéresser à l'information quantique. À l'occasion, les intérêts d'ordre sociologique peuvent certainement influer sur la direction dans laquelle la physique se développe. Pour autant, l'idée qu'ils déterminent le *contenu même* des connaissances paraît difficile à défendre. Car si tel était le cas, il devrait être possible de montrer, par exemple, que le contenu même de nos connaissances en physique nucléaire exprime, d'une manière ou d'une autre, un intérêt militaire ou géopolitique. Or, si l'humanité décidait un jour de se débarrasser de tous ses réacteurs et de toutes ses armes nucléaires, les mécanismes physiques de la fission de l'uranium n'en seraient nullement modifiés...

Un autre exemple me servira d'illustration : celui de l'élaboration par Einstein, en 1905, de la théorie de la relativité restreinte. Contrairement à ce qu'une certaine vulgate voudrait nous faire accroire, son travail d'alors au Bureau fédéral de la propriété intellectuelle de Berne ne fut pas anecdotique. Il joua même un rôle décisif dans la formulation des principes de base de la nouvelle théorie. Comment cela ? À la toute fin du XIXe siècle en Europe, les heures des villes n'étaient pas toutes synchronisées : chaque lieu voyait midi à sa porte, et parfois même plusieurs midis. Ainsi, sur la tour de l'île de Genève, il y avait trois horloges : celle du centre donnait l'heure moyenne de Genève ; celle de gauche indiquait l'heure de Paris, fondée sur l'horaire de la ligne de chemin de fer Paris-Lyon-Méditerranée ; et celle de droite affichait l'heure de Berne, la capitale, qui avait cinq minutes d'avance sur celle de Genève. Mais cette polychronie ne pouvait pas durer, car elle créait trop de complications, notamment pour les usagers des chemins de fer, en nombre croissant. En 1891, un homme influent, le comte von Moltke, avait même déclaré devant le Parlement impérial que la coordination de l'heure était une priorité nationale : elle était devenue impérative pour les voyageurs aussi bien que pour la défense militaire. L'Allemagne avait donc entrepris de renforcer sa maîtrise du temps et des heures. Et c'est précisément en examinant les brevets concernant la synchronisation des horloges à distance, qui correspondait à une demande que nous qualifierions aujourd'hui de « sociétale », qu'Einstein a compris que l'interprétation des équations de Maxwell (celles de l'électromagnétisme) n'était pas satisfaisante. Cela l'a conduit à une nouvelle théorie de l'espace et du temps, puis à la formule $E = mc^2$. On peut donc soutenir, en ce sens, qu'il s'agit bien d'une formule historiquement, socialement et culturellement engendrée. Mais la question est : est-elle encore dépendante de sa genèse ? Car elle s'applique avec succès à tant de situations physiques différentes, qu'Einstein lui-même n'avait pas anticipées, qu'elle semble s'être émancipée des conditions particulières de son apparition. Elle a démontré une fécondité, une efficacité, une utilité – et sans doute une « véracité » – qui vont bien au-delà des circonstances dans lesquelles elle fut d'abord pensée, envisagée, écrite. Tout cela n'incite-t-il pas à admettre qu'elle a bénéficié d'une sorte d'objectivation qui a transcendé le contexte historique et social de son apparition ? qu'elle n'est plus seulement un fait de culture ?

D'autres auteurs dénoncent l'idéologie de l'objectivité scientifique, en arguant que les chercheurs sont gens partisans, intéressés, et que leurs jugements sont affectés par leur condition sociale, leurs ambitions ou leurs croyances. Selon eux, l'objectivité de la science devrait nécessairement impliquer l'impartialité individuelle des scientifiques eux-mêmes : elle serait une sorte de *point de vue de nulle part*, un point de vue neutre, situé au-dessus des passions et des intuitions. Or, avancent-ils, la plupart du temps, les chercheurs ne sont pas impartiaux. Par exemple, ils ne montrent guère d'empressement à mettre en avant les faiblesses de leurs théories ou de leurs raisonnements. L'esprit scientifique, au sens idéal du terme, serait donc introuvable, et la prétendue objectivité de la science ne serait que la couverture idéologique de rapports de force dans lesquels la nature n'a pas vraiment son mot à dire. Tout serait créé, et en définitive la physique en dirait moins sur la nature que sur les physiciens.

La meilleure parade contre ce genre de raisonnements consiste à faire remarquer que, si l'objectivité de la science était entièrement fondée sur l'impartialité ou l'objectivité de *chaque* scientifique, nous devrions lui dire adieu. Nous vivons tous dans un océan de préjugés et les scientifiques n'échappent pas à la règle. S'ils parviennent à se défaire de certains *a priori* dans leur domaine de compétence, ce n'est donc pas en se purifiant l'esprit par une cure de désintéressement. C'est plutôt en adoptant une méthode critique qui permet de résoudre les problèmes grâce à de multiples conjectures et tentatives de réfutation, au sein d'un environnement institutionnel qui favorise ce que Karl

Popper appelait « la coopération amicalement hostile des citoyens de la communauté du savoir ». Si consensus il finit par y avoir, celui-ci n'est donc jamais atteint qu'à la suite d'un débat contradictoire ouvert. Ce consensus n'est pas lui-même un critère absolu de vérité, mais le constat de ce qui est, à un moment donné de l'histoire, accepté par la majorité d'une communauté comme une théorie susceptible d'être vraie.

Reste qu'on doit mettre au crédit de la sociologie des sciences le fait d'avoir montré que l'histoire de celles-ci telle que la racontent les manuels est toujours idéalisée. Elle fait la part trop belle à une rationalité partiellement reconstruite après coup, à partir de points de vue rétrospectifs qui tendent toujours à ridiculiser les anciens systèmes de pensée. L'activité scientifique y est ramenée à un enchaînement toujours bien ordonné d'arguments et de preuves : une hypothèse est avancée par M. X, dont les calculs prédisent que ; M. Y, qui veut vérifier les prédictions de M. X, réalise une expérience qui les confirme ou, au contraire, les invalide, ce qui permet, soit d'adopter ce système théorique, soit d'en forger un nouveau. Et ainsi de suite. Or, dans la pratique, les choses se passent en général de façon très différente. D'abord parce que les découvertes n'adviennent qu'au travers de processus largement opaques à leurs agents. Ensuite parce que le « style de pensée » de la communauté des savants à une époque donnée influe provisoirement sur la manière dont les concepts scientifiques se construisent et finissent par s'imposer en coordonnant autour d'eux des groupes qui les promeuvent. Le processus de découverte en science n'est donc rationnel qu'*a posteriori* : loin d'être l'œuvre d'un savant génial visité par une illumination, il résulte de ce qui, initialement, ressemble à un « bricolage collectif », produit par des chercheurs associés ou rivaux, les uns forgeant des hypothèses viables mais partielles, les autres avançant des idées fausses mais comportant un détail fécond.

Une découverte célèbre nous servira d'illustration. Le 18 janvier 1932, Irène et Frédéric Joliot-Curie, alors à Paris, publièrent une *Note aux comptes rendus de l'Académie des sciences* dans laquelle ils faisaient état de leur découverte « d'un rayonnement extrêmement pénétrant » émis par certains éléments chimiques quand on les bombardait avec des particules alpha. Ils précisaient également les caractéristiques d'un tel rayonnement : si on le projette sur des substances comme la paraffine qui sont riches en hydrogène (c'est-à-dire en protons), il provoque l'émission de protons de haute énergie. Surpris et intrigués, les époux Curie en avaient déduit – à tort – que ce rayonnement était constitué de rayons déjà connus, mais de plus haute énergie : il s'agissait selon eux de rayons gamma capables d'expulser des protons, grâce à un mécanisme analogue à l'effet photoélectrique, par lequel de la lumière envoyée sur un matériau peut en expulser des électrons. Quelques jours plus tard, Ettore Majorana, un jeune physicien sicilien installé à Rome et travaillant dans l'équipe d'Enrico Fermi, prit connaissance de l'article des Joliot-Curie. Aussitôt, il comprit que le couple français venait en réalité de découvrir une nouvelle particule, qui n'avait rien à voir avec les rayons gamma : « Les imbéciles, s'exclama-t-il, ils n'ont même pas compris que c'est le neutron ! » Comment expliquer pareille clairvoyance de la part du Sicilien ? Par ses prodigieuses connaissances théoriques, bien sûr, mais aussi et surtout parce que, à la différence des Curie, il avait déjà intégré dans son propre système de pensée l'idée de neutron, suggérée douze ans plus tôt à Cambridge par Ernest Rutherford. D'une certaine façon, il était, lui, mentalement préparé à cette découverte, intellectuellement prêt à reconnaître le neutron dès que celui-ci montrerait le bout de son nez.

On voit par là à quel point la sociologie des sciences a raison d'insister sur l'importance du contexte dans la façon dont la science se construit. Mais faut-il tirer de ce constat, *au bout du compte*, des conclusions radicalement relativistes ? Certainement pas. Car la connaissance actuelle du neutron est aujourd'hui indépendante des péripéties de sa découverte. La masse de cette particule, son spin, son moment magnétique sont certes le produit de découvertes historiquement et culturellement situées, mais ces grandeurs ne sont pas en elles-mêmes des constructions de *notre* histoire. Je veux dire par là qu'avant 1932 les neutrons avaient très certainement la même masse que celle que nous mesurons aujourd'hui...

Il serait difficile d'expliquer d'où vient que les théories physiques, telles la physique quantique ou la théorie de la relativité, « marchent » si bien si elles ne disent absolument rien de vrai. Comment pourraient-elles permettre de faire des prédictions aussi merveilleusement précises si elles n'étaient pas d'assez bonnes représentations de ce qui est (ce serait trop dire cependant que d'en déduire qu'elles ne peuvent dès lors qu'être vraies). En la matière, le miracle – l'heureuse coïncidence – est très peu plausible. Mieux vaut donc expliquer le succès prédictif des théories physiques (je parle de celles qui n'ont jamais été démenties par l'expérience) en supposant qu'elles *parlent* de la nature, et qu'elles arrivent à se référer, plus ou moins bien, à cette réalité-là. Et que, sans arguments complémentaires, nos affects, nos préjugés, nos intuitions ne sont guère en mesure de les contester sur leur terrain de jeu.

VI

L'ESPRIT DE LA SCIENCE SURVIVRA-T-IL À LA TECHNOSCIENCE ?

La physique est comme le sexe : elle peut avoir des résultats concrets, mais ce n'est pas pour cela que nous la pratiquons.

Richard FEYNMAN

Comme s'il ne suffisait pas que le scientisme le dénature et que le relativisme le méprise, l'esprit de la science se trouve également menacé par le halo opaque que forme autour de lui la « technoscience ». Qu'est-ce à dire ?

Comme le mercure de nos expériences scolaires, les idées scientifiques suivent des chemins difficiles à anticiper. Qu'elles aient ou non des visées pratiques, elles se répandent, se fragmentent, s'hybrident pour former de nouvelles confluences. *Leur destin final est toujours imprévisible.* En 1928, Paul Dirac, l'un des pères fondateurs de la physique quantique, ne se doute pas que les réflexions très abstraites qui le conduisent à la découverte de l'antimatière permettront de concevoir, bien des années après, les caméras à positrons de nos hôpitaux. Et dix ans plus tôt, Albert Einstein n'avait pas idée que sa théorie de la relativité générale serait un jour nécessaire au bon fonctionnement de nos GPS.

Prenant acte du caractère imprévisible de la trajectoire des idées et de la productivité de leur mise en relation, on défend à bon droit que les différents champs de la science et de la technique doivent se fertiliser mutuellement, les logiques se croiser, les thématiques mieux interagir. La synergie, pour reprendre un mot toujours en vogue, n'est-elle pas le meilleur moteur de l'innovation ? Sans doute, et c'est pourquoi l'on bâtit de multiples ponts entre recherche fondamentale, recherche appliquée et industrie. Des réseaux apparaissent, des partenariats se structurent, de sorte que presque tous les chercheurs travaillent désormais dans un vaste contexte englobant des enjeux à la fois académiques, politiques, économiques et industriels.

Longtemps, la recherche scientifique a progressé sur deux jambes (c'est d'ailleurs mieux pour marcher) : recherche fondamentale d'une part, recherche appliquée (ou finalisée) d'autre part. La première vise à déterminer les lois générales de la matière, de la vie, de l'univers ou des comportements humains. La seconde produit des connaissances mobilisables pour agir sur le réel, résoudre des problèmes pratiques, transformer le monde et le rendre plus confortable. Mais la tendance est aujourd'hui à l'effacement de cette frontière.

En un demi-siècle à peine, nous sommes passés d'un régime où science et technique étaient liées, mais demeuraient distinctes l'une de l'autre, à l'empire d'une vaste technoscience, c'est-à-dire à un régime où les deux perdent leur autonomie. Cette technoscience est d'une efficacité incontestable. Elle est même devenue le moteur principal de la puissance, de toutes les formes de puissance : économique, politique, militaire. Mais voit-on que ce mouvement de fond modifie en profondeur l'exercice et les finalités de l'activité scientifique ? Désormais, il s'agit soit de montrer que les recherches menées conduiront à des résultats utiles, soit de promettre que ceux-ci pourront l'être un jour. La question centrale n'est plus : « Est-ce vrai ? », mais « À quoi cela sert-il ? ». Ainsi s'installe l'idée que la valeur d'une connaissance nouvellement acquise ne se mesure qu'à l'aune de ses éventuelles retombées concrètes. Lorsque j'écoute certains argumentaires, j'en arrive même à me demander si l'activité scientifique a encore pour but principal de nous rendre le monde intelligible, de créer des concepts, d'en tester la pertinence : on encourage surtout les chercheurs à faire breveter leurs découvertes, à établir des passerelles avec l'industrie, et on finance les équipes sur projets, tout cela dans l'espoir de mieux répondre aux exigences de la compétition internationale. Cet activisme fébrile qui rythme la technoscience donne l'impression qu'elle ne vise plus que l'innovation pour l'innovation, et ne la fait plus apparaître que comme une sorte d'agitation autoentretenue dont la seule finalité serait sa propre intensification. L'État, qui pilote pour une grande part cette réorientation de la recherche, rêve-t-il encore d'autre chose que de brevets et de percées technologiques ? Il s'agit d'abord de servir l'économie, surtout dans un contexte de tensions budgétaires.

La recherche a certes besoin d'une politique, mais elle ne se pilote pas comme une automobile, encore moins comme un train. Si on veut qu'elle soit féconde, il faut surtout lui accorder de la liberté : ce n'est pas en perfectionnant les bougies qu'on a inventé l'électricité. Les grandes ruptures, difficilement programmables, viennent rarement d'une démarche d'amélioration. En règle générale, l'esprit scientifique ne peut exister que s'il suscite des spéculations désintéressées, n'ayant d'autre objet que la connaissance pour elle-même. En outre, si cette ferveur spéculative venait à s'émousser, les hautes technologies aujourd'hui si prisées ne survivraient que le temps que durera la force d'inertie de l'impulsion culturelle qui les a créées, tel un personnage de Tex Avery filant en ligne droite au-dessus du vide, jusqu'à ce que la force de pesanteur, reprenant ses droits, précipite sa chute.

Avec Galilée, la science est devenue efficace, avons-nous dit, mais son efficacité semble aujourd'hui se retourner contre elle. Ce ne sont plus l'arbre et ses fruits qui nous intéressent, mais les compotes, confitures, liqueurs et autres jus que nous pouvons en tirer : « La commande sociale, ou, plus précisément, marchande, écrit Jean-Marc Lévy-Leblond, place le développement scientifique sous l'empire de contraintes de productivité et de rentabilité à court terme. La possibilité de recherches spéculatives fondamentales sans garantie de succès immédiat devient de plus en plus illusoire. Ainsi se dénoue de façon insidieuse la conjonction, assez étonnante après tout et historiquement très particulière, entre la spéculation et l'action, qui a caractérisé la science occidentale depuis deux siècles [1]. »

---

1. Jean-Marc Lévy-Leblond, « La science est-elle universelle ? », in *La Vitesse de l'ombre. Aux limites de la science*, Paris, Seuil, coll. « Science ouverte », 2006, p. 216.

La dimension pratique de la science serait-elle effectivement en train de l'emporter sur son aptitude spéculative ? Son versant technicien, celui qui permet d'« arraisonner » la nature pour parler comme Heidegger, sera-t-il indûment privilégié ? J'ose espérer que non. Car la science vit avec la technologie, mais non *de* la technologie : cette dernière ne se nourrit pas que d'elle-même, ni ne respire de façon complètement autonome. Elle n'est pas *causa sui*.

Mais il ne s'agit pas seulement d'assurer un bon couplage entre science et technologie : il faut également remettre sur pied une « éthique de la connaissance », en vertu de laquelle une découverte ne saurait valoir uniquement par les profits, anticipés ou non, qu'elle permettra d'engranger. La véritable valeur du savoir, sa saveur essentielle, n'est pas d'ordre exclusivement marchand. Le détroit découvert en 1520 par Magellan n'est jamais devenu la grande route commerciale entre l'Europe et l'Orient, entre l'Atlantique et le Pacifique, que le navigateur portugais avait imaginée. Cela retire-t-il quelque chose à la valeur de sa découverte ? Évidemment non. Stefan Zweig concluait d'ailleurs par ces mots sa biographie de l'explorateur : « Ce n'est jamais l'utilité d'une action qui en fait la valeur morale. Seul enrichit l'humanité, d'une façon durable, celui qui en accroît les connaissances et en renforce la conscience créatrice. » Cette réflexion ne s'applique-t-elle pas aussi aux explorations d'ordre intellectuel ?

La physique quantique, même si elle n'avait conduit ni au transistor ni au laser, n'en demeurerait pas moins une magnifique conquête, une révolution intellectuellement sublime nous ayant permis de comprendre la matière à l'échelle microscopique. Cela n'aurait-il aucune valeur ? Mais dans un monde normé par l'utilité, de tout ce que nous entreprenons nous voulons pouvoir tirer des bénéfices matériels, et rapidement. Et bientôt, peut-être déjà, il ne sera plus question que de ces bénéfices-là. La science se retrouvera comme masquée derrière ses pourtours, dissoute dans son propre jus.

Du côté de Genève, vingt ans de travail collectif, mené par des physiciens, ingénieurs et techniciens de toutes nationalités, ont abouti en 2008 au démarrage du LHC, un collisionneur de particules de vingt-sept kilomètres de circonférence, au sein duquel seront réalisées des collisions entre protons de très haute énergie. Grâce à cette gigantesque machine, les physiciens ont enfin pu résoudre un problème délicat qui les irritait depuis une quarantaine d'années. Souvent, le public se demande comment des particules sans masse, tel le photon, peuvent bien exister. Les physiciens, eux, se posent la question exactement inverse ! Comment, s'interrogent-ils, les particules ont-elles pu acquérir une masse ?

Pour traiter les interactions fondamentales, ils s'appuient sur un certain nombre de principes de symétrie très efficaces du point de vue des prédictions qu'ils permettent de faire. Mais ces principes leur posaient un problème terrible : ils impliquaient en effet que les particules devaient avoir... une masse nulle, c'est-à-dire n'opposer aucune résistance au mouvement ! Or, la plupart des particules connues ont une masse, dûment mesurée. Cette contradiction flagrante entre la théorie et l'observation a pu être résolue, au cours des années 1960, par trois physiciens théoriciens, François Englert, Robert Brout et Peter Higgs. La solution qu'ils suggéraient, mais qui n'était encore qu'hypothétique, consistait à considérer que la masse ne serait pas une propriété intrinsèque des particules, mais serait liée à la manière dont celles-ci interagissent avec la structure quantique du vide. L'idée sous-jacente à cette conjecture est que les particules de l'univers heurtent sans cesse des objets appelés « bosons de Higgs », présents dans tout l'espace, ce qui ralentit leurs mouvements et leur donne ainsi l'équivalent d'une masse. Mais, bien sûr, il restait à s'assurer que ces bosons de Higgs existent bel et bien, et c'est précisément ce qui vient d'être magistralement démontré grâce aux expériences menées auprès du LHC.

L'enjeu de cette recherche, on l'aura compris, est d'ordre exclusivement fondamental, purement cognitif, au sens où l'on n'en attend pas de retombées concrètes. S'agit-il pour autant d'un objectif dégradé, d'une ambition secondaire ? Non, bien sûr : les expériences du LHC permettent de prolonger, avec des outils ultramodernes, une quête fort ancienne, celle qui fut amorcée par les philosophes présocratiques : de quoi la matière est-elle faite, et comment s'est-elle structurée ? Ce questionnement fondateur continue de passionner les physiciens. Quant à nous, les citoyens, nous aimerions plutôt qu'ils nous promettent que, dès lors qu'ils parviennent à comprendre la façon dont la masse des particules élémentaires est apparue, quelque industriel pourra un jour exploiter leurs conclusions et mettre au point, puis sur le marché, un appareil permettant de perdre de la masse, c'est-à-dire de maigrir... Les magazines adoreraient cette science-fiction et la physique des particules pourrait enfin se prévaloir de répondre à un problème « sociétal ». Mais tout cela ne serait bien sûr qu'esbroufe et poudre aux yeux.

La science nous effraie, entendons-nous souvent dire, mais sans que cela dissuade jamais de se ruer sur le dernier gadget gorgé de haute technologie qu'elle a rendu possible. Du coup, je me demande si notre besoin compulsif de produits « innovants » ne vient pas ronger notre appétit de savoir, émousser notre *libido sciendi*, par un effet quasimécanique : dès lors que nous réclamons de l'utile, et seulement lui, dès lors que nous exigeons que tout « serve », ce que la recherche a permis et permet de découvrir sur le monde nous préoccupe moins que ce qui découle d'elle ou ce qu'elle permet de faire. Plutôt que de prêter attention à ses percées fondamentales mais réputées inutiles, à ses concepts profonds mais jugés trop subtils, nous préférons consommer ses innombrables retombées prosaïques. Elle fut longtemps désintéressée ? Voici, pour cette seule et même raison, qu'elle devient inintéressante.

La ferveur spectaculaire que nous consacrons aux retombées de la science accuse, par contraste, le désintérêt, voire l'insensibilité que nous manifestons envers ses principes, ses méthodes, ses contenus. L'esprit de la science nous passe au-dessus de la tête. D'ailleurs, les connaissances scientifiques, même les plus élémentaires, ne font toujours pas partie du savoir commun. *Ce n'est donc pas une société de la connaissance que nous avons réalisée, mais une société de l'usage des technologies*. Il faut dire que nous continuons d'opposer les sciences au savoir humaniste, comme si une barrière naturelle isolait ces deux appréhensions de la réalité. Depuis deux générations, les sciences demeurent absentes de la formation des élites politiques, économiques et administratives. La conquête du pouvoir se joue sans elles, au sens où l'ignorance en la matière, même la plus spectaculaire, ne semble pas constituer un handicap. Chacun se souvient du débat entre les deux tours de l'élection présidentielle de 2007, durant lequel de grossières erreurs ont été doctement énoncées par les deux candidats à propos de l'énergie et du nucléaire – sujets pourtant chauds s'il en est. Aucun des journalistes présents sur le plateau n'a été capable de les relever en direct. Condorcet avait vu juste sur ce point : « l'accroissement mécanique du savoir scientifique » ne suffit pas à promouvoir ce dernier au sein des sociétés qui l'abritent.

Phénomène encore plus surprenant, certaines formations scientifiques sont elles-mêmes touchées par cette sorte d'indifférence à l'égard des fondamentaux de la science. Par exemple, dans la plupart des grandes écoles d'ingénieurs, y compris les plus prestigieuses, la théorie de la relativité restreinte figure à peine au programme, voire pas du tout, au motif qu'elle ne sera guère utile dans la plupart des situations qu'auront à affronter les cadres qu'on y forme. Je sais bien que pour construire des ponts ou des voitures, faire du management ou élaborer de nouveaux produits financiers, on n'a guère besoin de faire appel aux travaux du jeune Einstein. Mais par quelle rhétorique anachronique en arrive-t-on à penser que les ingénieurs du XXIe siècle pourraient *intellectuellement* se contenter d'une conception newtonienne de l'espace et du temps ?

L'affaire est d'autant plus fâcheuse que, parallèlement à ce mouvement de repli, l'enseignement des humanités semble se rétrécir lui aussi : à force de passer sous silence la « poétique » de la science qu'on souhaite transmettre, on l'arrache de ses racines, on la réduit à un amas de faits et de résultats qu'on ne questionne guère et qui n'intéressent plus que par leur utilité immédiate ou leur rentabilité. Pourquoi notre enseignement tait-il l'histoire des grandes découvertes ? Pourquoi n'explore-t-il pas la formation des représentations que la science propose ? D'où vient qu'il n'examine pas comment les processus d'invention puisent au registre de l'imaginaire et utilisent des métaphores, des analogies ? Par les perspectives qu'elles ouvrent, de telles approches empêcheraient qu'on puisse réduire la démarche scientifique à l'établissement d'une correspondance limpide et immédiate entre des faits et une épure logique : les méandres, les fausses pistes, les impasses se laisseraient alors découvrir, qui retireraient ses faux airs d'évidence à l'image que l'on se fait de la pensée en acte. La culture scientifique se trouverait ainsi stimulée, promue, *désirée*. Car j'ai la conviction que celle-ci ne devient vraiment désirable que si elle n'énonce pas seulement des principes, des équations et des résultats, mais permet aussi de saisir les passions singulières de ceux qui les ont voulus, pensés, créés. Cette piste étant peu suivie, comment s'étonner que les étudiants, déçus par l'image stéréotypée et technicisée de la science qui leur est présentée, s'orientent vers d'autres voies ?

Peut-être sommes-nous tout simplement en train d'oublier les qualités qui doivent demeurer agissantes pour qu'on puisse continuer à avoir de vrais « hommes de science » ? C'est ce que pensait, il y a déjà fort longtemps (en 1928 !), le philosophe espagnol Ortega y Gasset : « La science expérimentale, écrit-il, est l'un des produits les plus improbables de l'histoire. Mages, prêtres, guerriers et pasteurs ont pullulé partout et comme ils voulaient. Mais cette faune de l'homme expérimental requiert apparemment pour se produire un ensemble de conditions plus insolites que celui qui engendra la licorne. Un phénomène aussi sobre et aussi frappant devrait faire réfléchir sur le caractère super-volatil, évaporable, de l'inspiration scientifique[1]. »

Cette remarque est plus que jamais d'actualité.

---

1. José Ortega y Gasset, *La Révolte des masses*, trad. L. Parrot, Paris, Stock, 1961, p. 128-129. Dans ce livre prémonitoire à bien des égards, on trouve également cette phrase étonnante : « Ce serait une bien lourde erreur de croire que si l'Europe disparaissait, les Américains pourraient perpétuer la science ! Croit-on sérieusement que tant qu'il y aura des dollars, il y aura une science ? »

La science est une affaire d'entretien, à double titre : il faut entretenir son esprit afin de garantir sa pérennité, et aussi constamment s'entretenir avec elle, la discuter, la penser afin d'en tirer le meilleur parti, qu'il soit intellectuel, culturel ou pratique.

VII

La technoscience sera-t-elle soluble dans la démocratie ?

La fonction de l'opinion publique est d'empêcher le recours à la force en cas de crise : incités à négocier, les hommes pourront alors vivre et laisser vivre.

Walter LIPPMANN

Le prestige de la science a longtemps tenu au fait qu'elle pouvait proposer un point de vue surplombant sur le monde. Assise sur une sorte de refuge neutre et haut placé, efficace, sûre d'elle-même et objective, elle semblait se déployer à la fois au cœur du réel, tout près de la vérité et hors de l'humain. Mais cette image est aujourd'hui brisée. Nous avons compris que la science n'est pas un nuage qui léviterait calmement au-dessus de nos têtes : elle a mille et une retombées pratiques, diversement connotées, qui vont de l'électronique dernier cri à la bombe atomique, en passant par les vaccins. Elle n'est pas non plus autonome : des passions l'agitent, des controverses ponctuent son histoire, et elle est imbriquée dans toutes sortes de réseaux. Elle se développe *au sein* de la société et non au-dessus d'elle, pas dans n'importe quelles conditions, et s'y manifeste par le biais des multiples transformations qu'elle induit, notamment dans notre vie de tous les jours. Or, personne ne sent que cette société est vraiment la sienne. Ça grince, ça craque trop. Alors, qu'il soit perplexe, critique ou hostile, le citoyen interroge les liens de la science avec le pouvoir, la démocratie, le marché... En somme, *il pose à la science des questions non scientifiques*, qui ont le don d'embarrasser les scientifiques. C'est sans doute pourquoi il y a de nos jours, autour de la science, comme une grande confusion. On peut même parler d'un malaise cacophonique.

Commençons par rappeler un constat général et partagé : nous avons bel et bien changé d'époque, au sens où nous avons quitté la « modernité ». Qu'est-ce que la modernité ? Le mouvement intellectuel initié à la Renaissance, qui s'est développé en Europe au siècle des Lumières et a permis l'essor des sciences et des techniques. Il affirme d'abord l'idée de progrès, conçoit ensuite qu'il y a un lien entre rationalité, science et progrès, et postule enfin qu'il existe une sorte d'embrayage automatique entre toutes les formes de progrès (scientifique, technique, matériel, social, politique, moral). Prenez une nation tyrannique, explique à peu près d'Alembert, formez-y des géomètres et vous verrez quelque temps plus tard le peuple s'affranchir de son joug (d'Alembert n'a manifestement pas prévu la Corée du Nord actuelle, tyrannie terrifiante, où l'on trouve d'excellents géomètres...). Aux yeux de la modernité, la science est la matrice de toutes les améliorations envisageables de la condition humaine.

Cette conception, qui donnait à l'histoire un sens, une direction, un projet, a irrigué la révolution industrielle. Mais dans la seconde moitié du XXe siècle, l'idée de progrès est devenue moins sûre d'elle-même, et moins joyeuse. De nouvelles menaces sont apparues : pollutions, nuisances, perte des solidarités traditionnelles, soumission des corps et des esprits aux normes de l'organisation des machines, elles-mêmes soumises à des impératifs de rentabilité. Arguant que nous sommes entrés dans « l'après », dans une phase irréversible de critiques et de doutes, les philosophes parlent de « postmodernité ». Disons plus prosaïquement que nous vivons désormais une seconde modernité, ou plutôt une deuxième modernité (car il y en aura peut-être une troisième), qui n'est pas nécessairement sceptique, mais réflexive : l'essor des sciences et des techniques se poursuit, mais ce processus ne peut plus être décrypté – et encore moins présenté – de façon naïve ; la science n'est plus aussi facilement *jules-vernisable* qu'il y a un siècle. D'abord parce que de nouvelles questions lui sont posées, qui concernent ses liens avec la démocratie, la technique, la qualité de nos vies, la vérité, les pouvoirs de toutes sortes. Ensuite parce que les scientifiques sont désormais priés par leurs concitoyens – et même tenus – de s'interroger sur ce qu'ils sont en train de faire, d'expérimenter. Il n'y a plus de chèques en blanc.

Ainsi en sommes-nous venus à mettre en doute certains des idéaux qui, deux siècles plus tôt, nous semblaient fondateurs de notre civilisation. Nous ne mettons d'ailleurs plus de majuscule au mot « progrès ». S'agit-il d'un reniement coupable ? C'est ce que croient les scientistes. S'agit-il d'une passagère bouderie d'enfants gâtés ? C'est ce que pensent ceux qui ne bénéficient pas de notre niveau de développement. S'agit-il d'un salutaire sursaut de lucidité ? C'est ce que disent les écologistes, bien sûr, mais pas seulement eux : l'engouement pour la notion de développement durable n'est-il pas né du constat objectif que notre développement actuel n'est ni durable dans le temps ni extrapolable dans l'espace ?

En quelques décennies, la notion de progrès

s'est problématisée. Alors même que la réalité des avancées scientifiques et techniques accomplies en quelques siècles est indéniable, nous demandons au progrès de nous fournir des preuves de son existence à un niveau plus global. Nous voyons bien que notre époque est à la production éclatante, aux innovations tous azimuts – qui vont bien au-delà de ce qu'avaient pu rêver les utopistes du XIXe siècle –, mais elle nous semble toujours emplie de... carences ! En particulier, contrairement à ce que nous avions espéré, la science n'a pas éradiqué le malheur. Le progrès n'est pas un soulagement. Quelque chose semble même s'aggraver, mais quoi ? L'idée de progrès se mourrait-elle, là, sous nos yeux ? Mais à cette seule éventualité, nous sommes pris de vertige et angoissés plus encore. Car nous ne serions pas capables de vivre comme des Kayapo : nous pourrions à la rigueur accepter, voire rêver, de retourner à la nature brute, mais à la condition expresse de pouvoir emporter des vêtements en textile synthétique, une carte de crédit, un téléphone portable et un sac à dos rempli d'antibiotiques.

Ainsi s'exprime le paradoxe de notre rapport au progrès : nous prétendons ne plus y croire, mais nous tenons encore à lui farouchement, même si ce n'est plus que de façon négative, c'est-à-dire en proportion de l'effroi que nous inspire l'idée qu'il puisse s'interrompre.

Tchernobyl, vache folle, amiante, sang contaminé... La société postmoderne se reconnaît volontiers comme « la société du risque », pour reprendre l'expression d'Ulrich Beck [1], devenue canonique. Presque tout y est perçu, analysé et pensé sous l'angle de la menace, notamment lorsqu'il s'agit des nouvelles technologies : chaque fois qu'une innovation s'annonce, on s'empresse gaillardement de dresser la liste des dangers potentiels que celle-ci pourrait induire.

Sans doute est-ce le nucléaire, archétype de la révolution scientifique, qui a installé ce type de réflexe collectif en conjuguant l'apport d'une ressource énergétique considérable pouvant fournir de l'électricité à des millions de personnes, et une puissance de mort capable de souffler des villes entières. Depuis, les controverses autour de la science et de la technologie n'ont cessé de s'intensifier, diverses dans leur nature et leurs enjeux : tout se passe désormais comme si les avancées accomplies dans l'étendue des savoirs ou la puissance des techniques devaient se payer, chaque fois, de risques accrus – d'ordre sanitaire, environnemental ou encore symbolique – qui alimentent l'inquiétude et la défiance.

---

1. Beck, *La Société du risque. Sur la voie d'une autre modernité*, trad. L. Bernardi, Paris, Flammarion, rééd. coll. « Champs », 2003.

Dans un tel climat, il est facile de comprendre pourquoi l'acceptabilité des innovations et des risques technologiques n'a plus rien d'automatique. Certes, des décisions sont bel et bien prises par les instances représentatives, mais le public ne s'y rallie pas toujours. En la matière, l'adoption d'une loi n'apaise en rien les passions, encore moins l'angoisse. Ces discussions qui ne parviennent jamais à s'éteindre prennent parfois des allures de guerre de tranchées : d'un côté, les technophiles enthousiastes qui pensent qu'une nouvelle technique est sûre tant qu'on n'a pas démontré qu'elle pouvait être dangereuse ; de l'autre, les technophobes radicaux qui considèrent qu'aucune innovation n'est inoffensive tant qu'on n'a pas réussi à prouver qu'elle est sans danger.

Les citoyens que nous sommes se trouvent ainsi pris entre deux feux, comme disloqués, à mi-chemin entre le culte de la technique et la célébration de la nature. Chacun se demande quoi penser, qui croire, que faire, mais sans jamais parvenir à trouver des réponses stables à ces questions. En guise d'aide, nous pourrions être tentés d'adopter une approche purement comptable des produits dérivés de la science, en mettant ses bienfaits dans la colonne de gauche et ses nuisances dans celle de droite. Mais, très rapidement, cet exercice se révèle délicat, voire impossible, car le choix de la bonne colonne n'est jamais indiscutable : les uns mettront la télévision, les fours à micro-ondes et les téléphones portables au crédit de la science, les autres à son débit. En outre, il faudrait faire le bilan de cette comptabilité, c'est-à-dire chiffrer la différence entre ce qu'on aura mis dans la colonne de gauche et ce qu'on aura placé dans celle de droite. Mais comment calculer le résultat d'une soustraction du type « vaccins moins armes biologiques » ? Ou « chauffage central moins marées noires » ?

Dès qu'il est question de science ou de technologie, on sent poindre l'exigence d'une prise de responsabilité collective, même si ses modalités restent difficiles à entrevoir. Une part croissante du public a compris que les questions soulevées par la technoscience ne relèvent pas seulement de la raison théorique, mais aussi de la raison pratique et de la volonté. Et ce public-là sent que ses jugements, à défaut d'être rationnels ou éclairés, sont en général raisonnables dès qu'il s'agit de dessiner, d'organiser un « monde commun ». Alors il n'hésite plus à interpeller les scientifiques : « Que faites-vous au juste ? Que savez-vous exactement ? En quoi ce que vous proposez est-il pertinent pour nous ? »

Nul besoin en effet d'avoir fait Polytechnique ou Centrale pour percevoir que les savoirs scientifiques et techniques ont engendré de profonds changements dans nos conditions de vie, et peut-être même dans notre condition humaine tout court. Grâce aux progrès des nanosciences, par exemple, on peut envisager d'introduire des artefacts dans le cerveau, ou d'implanter dans le corps humain des mécanismes nanométriques à des fins médicales, mais également pour augmenter ses performances. De telles techniques conduiront à une sorte d'enchevêtrement du naturel et de l'artificiel, à propos duquel le citoyen a évidemment son mot à dire, car c'est son être-au-monde, voire son intimité, qui est concerné. L'enjeu est à l'évidence capital. Car si l'on ne parvient pas à élaborer collectivement, sinon un consensus, du moins un accord, une adhésion, l'impact croissant des technosciences sur les modes de vie provoquera des réactions de résistance de plus en plus fortes, d'ordre culturel, social, idéologique : les uns souhaiteront affirmer leur autonomie face à un processus qui semble leur échapper, d'autres défendront des idéaux alternatifs contre la menace d'un modèle unique de compréhension ou de développement, d'autres encore voudront rendre sa transparence au débat démocratique quand la complexité des problèmes tendra à le confisquer au profit des seuls experts.

Reste donc le plus difficile, qui consistera à répondre aux deux questions suivantes. En matière de choix technoscientifiques, où devrons-nous tracer la frontière entre ce qui relève de l'expertise savante, ce qui réclame une discussion générale et ce qui revient au pouvoir politique ? Et quelles procédures de décision pourrions-nous inventer qui feraient de l'incertitude un fardeau partagé par tous, et partagé équitablement ?

Ces questions, d'ordre philosophique, éthique, politique, sont à traiter d'urgence. Mais si l'on veut qu'un débat de qualité s'instaure, que ces questions deviennent collectivement discutables, il serait préférable que les connaissances scientifiques fassent davantage partie de la culture générale. Or, pour que chaque citoyen s'intéresse à la science, entre en contact avec elle, il va falloir mener une sacrée bataille.

VIII

La bataille de l'intellect

Aucune pensée n'est immunisée
contre les risques de la
communication.

Theodor Adorno

Rappelez-vous. Au début de l'année 2004, une pétition publiée par *Les Inrockuptibles* reprochait au gouvernement de l'époque, dirigé par Jean-Pierre Raffarin, de « mener la guerre à l'intelligence » en laissant les médias favoriser le simplisme, en tolérant la vassalisation de l'économie par la finance, en transformant le court terme en nouveau temps universel. Le texte, signé par plus de 80 000 personnes (magistrats, avocats, professeurs, chercheurs, étudiants, artistes, psychanalystes), défraya un temps la chronique.

Les ambivalences d'une telle initiative furent rapidement dénoncées. Son surnom, la « guerre de l'État contre l'intelligence », simplifiait les choses à l'excès alors même que son intention était justement de condamner le simplisme. La pétition elle-même n'était pas dépourvue d'ambiguïté : elle tendait à assimiler les affaires de l'intellect à un simple fonds de commerce qu'un plébiscite peut valider, et la liste de ses signataires pouvait accréditer l'idée que l'intelligence était l'apanage d'un petit nombre de professions. Et surtout, elle visait explicitement l'État, qui avait certes procédé à des coupes budgétaires dans les domaines de la recherche et de la culture, mais dont on ne voyait pas comment il pouvait être tenu pour seul responsable de la qualité de la vie intellectuelle nationale.

De tels reproches étaient justifiés, mais ils ne m'ont pas empêché de signer la pétition. Car ils ne parvenaient pas à démentir une réalité difficilement contestable et que le gouvernement n'est pas le seul à entretenir : qui oserait nier que le « parler gros » l'emporte désormais sur le « parler fin » ? Qui ne voit là l'équivalent d'une marée noire ? Qui pourrait contester que chaque jour un peu plus, les discours subtils, prudents, ceux qui font des plis, se trouvent marginalisés ? Certes, il ne s'agit pas d'une véritable « guerre ». Mais on assiste bel et bien à une offensive larvée, patiente, contre tout ce qui demande du temps, une élaboration, voire de la lenteur. L'engouement remplace de plus en plus souvent le raisonnement, la conviction intime ou le goût spontané (ou ce qui se prend pour tel) comptent davantage qu'une argumentation solide ou une critique rigoureuse. Dans un système qui semble condamné aux choix binaires – oui ou non, pour ou contre –, le discernement est mis au rebut.

Les grands médias concourent sans nul doute à ce travail de brouillage. À force de fabriquer de la fugacité, puis de la renouveler sans cesse, à force de promouvoir une immédiateté sans passé ni avenir, sans règles, sans héritages, ils deviennent victimes et promoteurs d'une sorte de maléfice qui leur est consubstantiel : ils appauvrissent tout ce qu'ils touchent. S'il leur arrive de croiser quelque chose d'important ou d'essentiel – une œuvre, une personne, une image, une idée –, par le fait même de l'installer dans l'actualité ils le placent en état d'inconsistance.

Tout se passe comme si les images et les discours que les médias font déferler nous mettaient en présence d'une réalité excessive, où l'incident devient événement et où l'événement se retrouve souvent relégué au rang d'incident. Or ce « trop-plein de réalité » *agit* sur nous, concrètement. Il nous assiège au plus profond de nous-mêmes, nous rendant chaque jour un peu plus impuissants à relier les événements et les idées à ce qui les produit. Piégés dans un flux qui nous submerge, nous ne sommes plus capables de discerner quel paysage général est en passe d'émerger. D'autant que le temps indispensable à l'analyse réclame désormais une forme d'ascétisme. Car à toute heure du jour et de la nuit, la distraction est là, à portée de bouton, de clavier ou de télécommande, qui vient faire écran (c'est le mot) à la réflexion.

Il s'agit d'une affaire de prolifération, mais non nucléaire : à force de se singer, de s'autocélébrer, à force de promouvoir la vétille comme épopée du genre humain, les formes modernes de la communication se transforment en une vaste *polyphonie de l'insignifiance*. Elles produisent une sorte de magma informel que nul message élaboré, construit, raffiné, ne parvient plus à transpercer.

Je ne peux m'empêcher d'établir un lien entre ce panorama et un fait évoqué dès les premières pages de ce livre : les étudiants, dans presque tous les pays occidentaux, rechignent de plus en plus à s'engager dans des carrières scientifiques [1]. Ce phénomène commence à inquiéter les autorités, car s'il avait vocation à durer, il pourrait mettre en péril le rayonnement et la

1. À l'issue d'une grande enquête, l'OCDE a publié un rapport en 2005 sur cette question (*Declining Enrolment in Science & Technology Studies. Is it real ? What are the causes ? What can be done ?*, OCDE, 2005).

crédibilité des laboratoires de recherche, ainsi que la compétitivité des entreprises (sans parler d'une éventuelle pénurie d'enseignants qualifiés). Les commentateurs qui tentent de l'expliquer parlent d'une « désaffection » à l'égard de la science. Mais je me pose une question : s'agit-il vraiment d'une affaire d'*affect* ? Désaffection : ne plus être concerné dans son intimité. Or, rien ne prouve que la baisse des vocations scientifiques soit le résultat d'un désamour profond des jeunes vis-à-vis de la science. Il est après tout possible qu'ils continuent de la juger belle et admirable tout en considérant qu'elle est devenue trop difficile. On pourrait plutôt soutenir que la science ne les « touche » plus : non pas au sens où elle leur serait indifférente, mais parce que, noyée, enfouie sous le flot du reste, elle ne parviendrait même plus à entrer en contact avec eux, à les *atteindre*.

Et comment ne pas soupçonner qu'en ces temps où seul le court terme est privilégié, la science – mais peut-être aussi la philosophie, tout aussi exigeante en termes d'investissement personnel – est devenue la première victime d'une « crise de la patience » qui touche tous les secteurs de la vie sociale ? L'esprit de recherche s'accommode mal de la perte de croyance dans l'avenir. Quant à l'intelligence, elle a besoin de la durée pour se dire, pour se faire voir, pour se développer : sans propédeutique, pas de plaisir,

et la khâgne...

pas non plus d'excitation durable de la curiosité. Or, l'heure est au culte de l'intensité de l'instant, à la valorisation de la satisfaction immédiate des désirs, à la promotion de l'individualité. La transmission des connaissances n'a, elle, que lenteur, travail et exigence à proposer. Il y a encore peu, les chercheurs et les ingénieurs bénéficiaient d'une certaine aura. Ils sont aujourd'hui totalement éclipsés par de nouvelles stars – footballeurs, acteurs, chanteurs – qui occupent le devant de la scène et que parfois même on installe sur l'estrade du penseur. Parmi les personnalités préférées de nos concitoyens ne figure nul savant, écrivain, penseur authentique.

La télévision, seule capable de toucher le grand public, ne prend manifestement plus le temps d'évoquer la science autrement que sous l'angle de l'actualité-spectacle ou de la caricature. La loi de l'audimat a presque tout balayé sur son passage. Du coup, en tant que *corpus* singulier, la science disparaît peu à peu du paysage. Ses applications ont beau être omniprésentes, elle demeure à la marge de très nombreux esprits. À force d'être si bien cachée, dans le téléphone portable, le médicament qu'on avale, le bus qu'on attrape, on ne la voit plus, on finit par ne plus savoir qu'elle existe, qu'elle continue discrètement son petit bonhomme de chemin. Il serait évidemment vain d'imposer un magazine scientifique en *prime time* si l'audimat ne suivait pas. Cette solution ne ferait jamais que créer une « réserve d'Indiens » supplémentaire. Mais on pourrait au moins garantir la présence de la parole scientifique dans le débat public, non pour qu'elle nous explique ce que nous devrions vouloir faire, mais ce qui est.

En période de crise, certains vieux livres méritent d'être relus. En 1942, le sociologue Robert King Merton avançait, dans son ouvrage *The Normative Structure of Science*, que la science devait être régie par quatre normes : l'universalisme (la science doit être universelle et objective), le désintéressement (elle ne doit pas s'attacher aux conséquences pratiques), le scepticisme organisé et enfin le « communisme ». On se doute que le communisme dont il est question ici n'a pas grand-chose à voir avec l'« autre » : il correspond simplement à l'idée que les savoirs scientifiques sont des biens collectifs destinés à la société tout entière, et qu'il appartient donc au scientifique de rendre publics et de discuter les résultats de ses travaux. Ces quatre normes peuvent aujourd'hui paraître « datées », et on a même pu faire observer que l'*ethos* scientifique dont parle Merton ne fait que décrire les valeurs de la science anglaise classique, c'est-à-dire celles d'une classe d'aristocrates. Il n'empêche : c'est cet *ethos*-là qui, à mon avis – et bien que je ne sois guère anglais et encore moins aristocrate –, devrait continuer de nous inspirer.

Il nous appartient au moins de *réérotiser* publiquement l'acte de connaître. De le réérotiser pour lui-même, c'est-à-dire sans directement l'associer à ses possibles progénitures matérielles.

Faute de quoi on peut bien parier que l'esprit de la science finira par s'effacer, « comme à la limite de la mer un visage de sable[1] ».

1. Ce sont les derniers mots de Michel Foucault dans *Les Mots et les choses*, mots qu'il appliquait à l'homme (Paris, Gallimard, rééd. coll. « Tel », 1990).

IX

Après nous, le déluge ?

Autrefois, j'étais indécis, mais à présent, je n'en suis plus aussi sûr.

Umberto Eco

Il suffit de lire les journaux : l'idée d'avenir n'a plus que de pâles couleurs, nos rêves n'ont plus très bonne mine, et les idéologies – finalement pas si anciennes – qui avaient porté l'espoir de faire un monde meilleur se révèlent aujourd'hui sans prise, même si tout espoir n'est jamais définitivement enterré. De façon intermittente, l'idée de salut resurgit. Ainsi nous trouvons nous ballottés entre des discours pessimistes et des discours optimistes, tous débités sur un ton d'oracle.

Selon les plus alarmistes, c'est simple, les vieilles terreurs millénaristes ont désormais, pour

Avis opposés.

la première fois, un fondement rationnel : nous sommes irréversiblement entrés dans le temps des catastrophes. Il ne se passe pas un jour sans que l'un d'entre eux nous dise que le monde est au bord du volcan et menace de sombrer dans la lave bouillonnante. Ces *ça-va-pétistes* pressentent que jamais l'*Homo sapiens* n'acquerra la sagesse dont il se rengorge : aucune réflexion, aucune information n'aura d'impact suffisant sur ses comportements, car il ne cessera d'inventer des ruses *pour ne pas croire ce qu'il sait*. Même averti, éclairé, sermonné, il continuera de saccager les ultimes ressources naturelles et provoquera des bouleversements irréversibles de l'environnement. En ce cas, notre avenir s'annonce sérieusement bouché, peut-être autant que celui des dinosaures : dans trois ou quatre milliers d'années, peut-être moins, il n'y aura plus personne pour s'interroger et « l'affaire homme », comme disait Romain Gary, sera définitivement close[1].

Sans nier l'existence des problèmes qui se posent, les optimistes se défendent quant à eux de toute inquiétude profonde et espèrent des solutions locales qui n'ébranleront ni leur mode

1. Voir Jared Diamond, *Effondrement, Comment les sociétés décident de leur disparition ou de leur survie*, trad. A. Botz et J.-L. Fidel, Paris, Gallimard, coll. « NRF Essais », 2006.

de vie ni leurs valeurs fondamentales. Le catastrophisme, rétorquent-ils aux missionnaires de l'apocalypse, n'est-il pas une vieille chimère qui nous a déjà mille fois piégés ? Ayons plutôt confiance car, comme d'habitude, nous trouverons bien le moyen de nous débrouiller : tout continuera, tant bien que mal, malgré quelques perturbations, mutations et adaptations prévisibles, et l'humanité s'en sortira, comme elle l'a toujours fait. Elle trouvera les moyens de survivre à ses propres efforts pour dominer la nature. Si ces optimistes avaient raison, alors, un jour lointain, il sera possible à des étudiants de consacrer quelques thèses à l'angoisse curieuse et multiforme qui a saisi, à la charnière des deuxième et troisième millénaires, des sociétés riches et puissantes. Bien qu'elles aient eu, somme toute, peu de soucis, ces sociétés furent traversées du spectre du grand effondrement. Elles voyaient l'humanité disparaître, la planète devenir invivable et bientôt déserte, tout cela par leur faute, leur inconséquence, leur égoïsme, leur irréflexion. Certains historiens verront sans doute dans ce phénomène une version laïque des apocalypses religieuses.

De tels débats font écho à ceux qui opposent régulièrement partisans et adversaires de la croissance. Après plus d'un demi-siècle de croissance économique, notre société de consommation avait déjà dû affronter de nombreux assauts :

certains, notamment les disciples de Marx, dénonçaient ses lacunes, ses béances, les îlots de pauvreté au milieu de la richesse, l'inégalité de la répartition des revenus ; d'autres, dont l'inspiration remonte plutôt à Rousseau ou aux romantiques, vitupéraient la barbarie de la civilisation industrielle, la pollution de l'atmosphère, l'aliénation des individus manipulés par les moyens de communication, la course à la puissance et à la richesse vaine. Aujourd'hui, l'argument des « objecteurs de croissance » est plus simple : l'économie a besoin pour croître de ressources énergétiques ; or, celles-ci étant limitées, la croissance est une impossibilité à long terme. Dès lors, comment pouvons-nous être assez inconscients pour vouloir à tout prix l'augmentation de la production, qui implique une augmentation catastrophique de la pollution, une diminution des emplois, du plaisir à travailler ? Il faudrait plutôt, et de toute urgence, opter pour la décroissance économique, seule voie pour sauver la planète des excès de l'humanité, en commençant par décoloniser nos imaginaires galvanisés par les publicitaires. Tout esprit habitué au maniement de la règle de trois peut en effet comprendre qu'une croissance continue est matériellement impossible dans un monde fini. En vertu de cette loi inéluctable, le mode de développement scientifique, technique et économique du monde moderne apparaît comme la victime d'une contradiction douloureuse : il se pense comme universel, et pourtant il sait désormais que son extension à l'ensemble de l'humanité, tant dans l'espace que dans le temps, se heurte à des obstacles impitoyables, ne serait-ce que parce que l'atmosphère de notre globe ne supporterait ni sa généralisation ni son maintien. Il y a donc une contradiction entre notre exigence éthique d'égalité et notre mode de développement. D'où le dilemme : ou bien, nous les riches, nous nous couperons du reste du monde au moyen de boucliers divers, ou bien nous inventerons un autre mode de développement qui aura la propriété de pouvoir être universalisé à l'échelle de l'humanité tout entière.

À ceux qui douteraient encore de cette conclusion, l'exemple fameux de l'île de Pâques vient rappeler qu'une société peut organiser sa propre perte, en toute connaissance de cause, sans qu'aucune catastrophe naturelle soit nécessaire : il suffit pour cela qu'elle ne sache pas gérer les ressources naturelles indispensables à sa survie. En effet, que s'y passa-t-il ? L'origine des quelques centaines de statues colossales de cette île, idoles démesurées plantées sur les bords de l'île, est longtemps restée mystérieuse : elles semblaient avoir été posées là sans appareil de levage. Mais la solution de l'énigme est aujourd'hui connue. Les habitants de l'île avaient pris l'habitude d'honorer leurs ancêtres en sculptant des statues de pierre, taillées dans le tuf volcanique, à même le cratère, et installées sur des plates-formes près de la grève. Avec le temps, le culte des statues entraîna de plus en plus de rivalités entre les différents clans : à chaque génération, la taille des statues augmentait (un peu comme celle des yachts du port de Saint-Tropez aujourd'hui), exigeant plus de poutres, de cordages et de main-d'œuvre pour être hissées. Les arbres étaient abattus plus vite qu'ils ne pouvaient pousser. On pourrait croire qu'à mesure que les arbres se faisaient plus rares l'érection de statues était réduite et le bois réservé aux usages vitaux, par exemple à la construction d'embarcations ou de charpentes. Mais il n'en alla pas ainsi : le peuple qui vivait sur cette île coupa sciemment le dernier arbre, sciant par là même la branche sur laquelle il était assis. Preuve qu'une civilisation, même non occidentale, peut être victime de ce qu'on pourrait appeler une « pathologie idéologique ».

Les partisans de la croissance défendent quant à eux l'idée que nous n'avons pas d'autre choix que de continuer à la désirer, car la décroissance nous exposerait à trois immenses problèmes. D'abord, elle laisserait à son sort le milliard d'êtres humains qui vivent avec moins de un dollar par jour (les économistes semblent s'accorder pour dire que, si l'on veut vaincre la pauvreté, la croissance est une condition sinon suffisante, du moins nécessaire, au motif que pour produire des biens publics et promouvoir des objectifs sociaux, il faut un flux de ressources nouvelles, et donc de la croissance). Ensuite, elle rendrait difficile toute protection de l'environnement (car on sait que celle-ci coûte cher : nous devons donc devenir plus riches pour avoir les moyens de ces dépenses). Enfin, le remède au chômage, ce sont de nouveaux postes de travail. Mais s'ils ne se financent pas sous la forme d'une augmentation de la production, ils ne se rentabilisent pas. Bref : une croissance économique continue semble être une condition de la résolution des problèmes qu'une production industrielle intensive et rationalisée crée elle-même.

Le développement de la société se retrouve ainsi mis dans un cercle vicieux : le mouvement continu de ce cercle n'est possible qu'à la condition que la croissance ne s'arrête pas ; or le combustible de cette croissance, lui, risque de s'épuiser un jour.

Que va-t-il donc se passer ?

Nul d'entre nous, bien sûr, ne peut prétendre pouvoir répondre à une telle question, du moins s'il est intellectuellement honnête. Car la bonne réponse dépend encore trop de ce que nous allons faire dans les décennies qui viennent. Mais il est remarquable que ce soit un philosophe, Edmund Husserl, encore lui, qui ait saisi l'importance de ces enjeux bien avant tout le monde, même si ce fut à partir d'arguments tout à fait autres que ceux que nous entendons aujourd'hui ! Dès les années 1930, il avait compris que la crise qui secouait alors l'Europe n'avait rien à voir avec des pratiques dictatoriales traditionnelles, mais concernait notre rapport même au monde qui nous entoure, et peut-être à la terre qui nous soutient. En seulement trois jours, du 7 au 9 mai 1934, il rédigea, dans une sorte de fièvre, un texte très étrange (et même, pour tout dire, un peu fou), intitulé *La Terre ne se meut pas*[1]. Husserl n'y conteste nullement la valeur de vérité de la découverte de Copernic et Galilée : il demeure acquis que la terre tourne autour du Soleil. Simplement, selon lui, la Terre n'est pas une planète comme une autre, mais le sol originaire et insubstituable de notre ancrage corporel : pour nous, elle n'est pas en mouvement. L'oubli de cette relation primordiale du corps au sol qui le soutient est la « faute originelle » de la modernité scientifique. En revenant sur la révolution cosmologique et physique de Copernic et Galilée, Husserl montre que la

1. Edmund Husserl, *La Terre ne se meut pas. Renversement de la doctrine copernicienne dans l'interprétation habituelle du monde*, trad. de D. Franck, J.-F. Lavigne et D. Pradelle, Paris, Éditions de Minuit, coll. « Philosophie », 1989.

distance théorique que nous prenons avec la Terre lorsque nous l'imaginons comme une planète risque d'ébranler un enracinement premier, indispensable pour notre rapport au monde et aux autres. De par notre histoire et nos représentations, nous sommes fondamentalement des êtres géocentrés. Notre pensée n'est pas une pensée « hors sol ».

Nous savons aujourd'hui qu'il existe hors du système solaire d'autres planètes, des exoplanètes, dont certaines sont peut-être très semblables à la nôtre. Il se pourrait donc que notre île cernée d'espace soit d'une très grande banalité astrophysique. Il n'empêche : elle est la seule planète qui soit là où nous sommes. La Terre est *notre* terre, notre « archifoyer », notre seul sol possible. Même si on lui découvre un jour, ailleurs, des sœurs quasi jumelles, elle n'en deviendra pas pour autant un objet quelconque pour nous.

L'irréductible unicité qu'a *pour nous* la Terre devrait suffire à changer notre regard sur elle. Certains disent que si la situation se dégradait trop, nous pourrions la quitter. Aller camper sur Mars ou coloniser un satellite de Jupiter. Mais rien n'est moins sûr. Nous ne nous arracherons pas si facilement à la Terre. Ou plus précisément, nous ne pourrons la quitter que si, d'une façon ou d'une autre, nous pouvons l'emporter avec nous. Alors, plutôt que d'imaginer nous en sauver, essayons d'abord d'y sauver la possibilité de notre présence continuée : passons un nouveau contrat avec la nature – avec le « non-humain » en général – afin d'éviter que la maîtrise, seulement partielle, que nous nous sommes assurée sur elle ne verse dans son contraire.

Par exemple, face au problème de l'énergie, qui est un problème planétaire, mais aussi un problème qui se décline à toutes les échelles, y compris à celle de chacun des particuliers que nous sommes, il serait irresponsable de faire comme si de rien n'était en feignant de croire que la recherche résoudra tous les problèmes : les ruptures technologiques, si nous devons impérativement les préparer et les rechercher, ne peuvent constituer notre seule espérance, car certaines de ces ruptures demeurent très hypothétiques. La vocation de la science n'étant pas de tout résorber, nous ne devons pas céder aux dérives utopiques qui nous entraîneraient si loin du problème qu'elles finiraient par nous faire croire qu'il sera résolu à coup de *business as usual*. Simple affaire de cohérence : on ne peut pas demander aux principes intellectuels et matériels qui ont servi à façonner notre monde, et qui servent maintenant à établir le diagnostic, de préconiser aussi les remèdes. Il ne s'agit pas de *décroire* dans la science, mais de reconnaître qu'elle ne fournira pas seule la solution aux problèmes que ses retombées ont contribué à faire naître.

Dans les années qui viennent, chacun de nous va donc devoir intégrer la nouvelle donne, la nouvelle *donnée*, d'abord intellectuellement, puis dans sa façon de vivre. Bientôt, il faudra cesser de prendre sa voiture pour effectuer des trajets de cinq cents mètres et l'avion pour faire des sauts de puce. D'autres mesures, plus drastiques, seront nécessaires, qui pourront parfois gêner non seulement nous-mêmes dans notre confort, mais aussi la génération future, afin de préserver la suivante. Il n'est pas acquis que ce sera une partie de plaisir.

Pour autant, tous ces nouveaux problèmes que nous voyons apparaître méritent-ils d'être mis sur le dos de la seule science ? Sous le seul prétexte que l'avenir s'assombrit, que le développement engendre des menaces, que le progrès a pris des tours désagréables, devrions-nous renoncer au désir d'en apprendre davantage sur le monde auquel nous appartenons ? Régulièrement, j'entends suggérer que l'attrait de l'inconnu devrait céder devant la peur de l'incertain : nous en saurions déjà assez et devrions en rester là ; il faudrait ranger les gaules, cesser de vouloir découvrir, organiser un repli cognitif, bref jeter le bébé scientifique avec l'eau du bain écologique. Étrange plaidoyer. Car comment croire qu'en matière de respect de l'environnement, de développement durable, nous progresserons en sachant moins ?

Nous ne devons certainement pas faire tout ce que notre technoscience nous permet d'envisager. Des choix sont à faire, les plus démocratiques possible, et les plus éclairés aussi. Mais une chose est sûre : nous ne préserverons pas la biodiversité avec la biologie de Pline l'Ancien, ni ne stabiliserons le climat avec la physique d'Aristote.

Cet ouvrage a bénéficié de la précieuse hospitalité de la fondation des Treilles.

La fondation des Treilles, créée par Anne Gruner Schlumberger, a notamment pour vocation d'ouvrir et de nourrir le dialogue entre les sciences et les arts afin de faire progresser la création et la recherche contemporaines. Elle accueille également des chercheurs et des écrivains dans le domaine des Treilles (Var). Adresse e-mail : www.les-treilles.com

TABLE

Mise en page PCA
44400 Rezé

N° d'édition : L.01EHQN000600.N001
Dépôt légal : octobre 2013
Imprimé en Espagne par Novoprint (Barcelone)